心语

——娄正纲与70位日本文化艺术界精英谈人生

娄正纲 著

图书在版编目(CIP)数据

心语：娄正纲与70位日本文化艺术界精英谈人生 / 娄正纲著.—北京：
生活·读书·新知三联书店，2012.6
ISBN 978−7−108−03989−7

Ⅰ. ①心… Ⅱ. ①娄… Ⅲ. ①人生哲学—通俗读物Ⅳ.①B821-53

中国版本图书馆CIP数据核字(2012)第017945号

责任编辑　张　荷
装帧设计　朴　实
责任印制　郝德华
出版发行　生活·讀書·新知 三联书店
　　　　　北京市东城区美术馆东街22号
邮　　编　100010
经　　销　新华书店
印　　刷　北京图文天地制版印刷有限公司
版　　次　2012年6月北京第1版
　　　　　2012年6月北京第1次印刷
开　　本　880毫米×1230毫米　1/32　印张 7
字　　数　60千字　图片140幅
印　　数　0,001—6,000 册
定　　价　36.00 元

序

这是一本访谈笔记。记录了 2004 年 10 月至 2006 年 3 月，我在日本东京电视台，跨界策划主持《心之书》栏目，与七十位日本当下文化艺术大家谈人生感悟。

2001 年，日本世界文化社出版了我的日文版自传《心》。回顾自己的人生旅途，我惊奇地意识到：每每遭遇坎坷时，总会有昔日写过的名言警句，像黑暗中的灯塔，激励引导着我渡过一道道沟坎难关。语言对人的影响深远，语言的力量是强大的。那些名言警句也一定给予了许多人战胜艰难险阻的力量。我计划写一万个各行各业，从社会精英到平民百姓，不同阶层各种各样人的座右铭，我希望我的书法作品能够影响更多人的人生。

此后的几年，我不仅写古代贤哲的语句，也写当下名流对生活、成功和幸福的感悟。我觉得：那是一件非常有意义的让书法为社会服务的事情。但我发现：为个人写的座右铭，不管是挂在家里，还是在美术馆或画廊展览，只能传播给很少的人群。无法实现让"书法作品影响更多人的人生"的初衷。

2004 年春，我萌发了一个做书法电视栏目的创意。在当下的诸多媒体中，电视的观众最多，影响力最大。我希望用电视这个平台去传播书法作品和语言的力量，电视能给书法搭建一个不受时空限制的展台。于是，我与日本电通广告公司、东京电视台经过长达半年多时间的商谈，策划出一个全新形式的书法电视栏目《心之书》。

《心之书》节目由我主持，形式上虽然也是老生常谈的名人访谈，但切入点新颖，不谈成功和轶事，而是让文化艺术大家谈自己对人生、对成功、对幸福的理解。结尾，我当场写下他们的座右铭，并发表感悟。节目将文化艺术大家、座右铭、书法三个元素有机地结合，呈现出一种全新的颇具现代艺术多元性的视觉效果。节目播出后，备受日本各界关注。2006年，日本世界文化社出版了日文版《心之言》。后来，日本其他的电视台还陆续出现类似的节目。

回望那长达一年半、每周一期的访谈节目，仿佛经历了一次漫长的心灵之旅，收获了诸多震撼心灵的智慧和启示。

我从十几岁开始，就经常接受媒体采访，但访谈的话题基本上都是我对事物的看法。换个位置，当你以采访者的身份去倾听日本的文化大家讲述他们各自不同的经历和人生观时，你会猛然地领悟到，原来生活中的所有问题，都是可以从多个角度去思考的，你的心路不由得豁然开朗。

日本文化艺术大家对人生和幸福的理解是多元的，没有"大而美"的一元崇拜，没有宏大叙述，没有普世价值，没有各种主义，他们追求的都是那些看得见、摸得着的东西。他们享受在各自"小而美"的情趣世界里。

我希望这些东瀛之玉，对当下生活在高速转变社会中的国人会有一些有益的启示。

娄正纲

2012 年 3 月 12 日

目录

心语

不谛

【林 望】

我从小就经常在一旁看母亲做菜，或许是因为嘴馋的缘故吧，终于有一天，我开始学着母亲的样子做菜。

尽管我出版了很多烹饪题材的书籍，但如果有人问我什么最味美，我还是认为精心烹制的普通家常便饭最美味。我结婚时送给妻子的礼物就是一册自己以前抄写的菜谱，菜谱介绍了如何煲汤、如何切菜。毕竟我们生活中离不开一日三餐。我平时就喜欢琢磨"吃"，一旦脑子里闪现出什么好的吃法，哪怕是清晨刚刚睡醒，我也要立刻把它做出来。

我曾经有过指导学生的经历，深深体会到教学相长的道理。对我而言，教学生是最好的学习。我在上每一堂新课前，都会认真地备课、学习，虽然教学很辛苦，但贵在锲而不舍。

【娄正纲】

　　"不谛"，无外乎，无非是，本来就是。"不谛"，就是"谛"，指事物的本来面目。嘴馋，就馋吧，馋到极致，就是美食家。教学，就教吧，认真备课，教学相长，做一个好的导师。用心做事，毫无修饰。洒脱自在，就是本来面目。林望先生外表柔和，却内心刚强，我试着用草书来表达他的这一特点。虽是草书，内有筋骨。笔势狂放不羁（纵任奔逸）、内有筋骨的特点来表现他的性格。

林望　杂志作家、学者。1949 年出生于东京都。1972 年毕业于庆应义塾大学文学部。曾任东京艺术大学副教授，以创作随笔而著名。1991 年获日本随笔作家俱乐部奖，1993 年获讲谈社随笔奖。主要著作有《美味英国》、《林望的英国观察词典》等。

平常心

有道是"耳濡目染，无师自通"。我虽不是无师自通，却是耳濡目染。儿时，父亲的尺八（一种乐器，类似于中国的箫）和母亲演奏的古筝摆放在眼前，我常常把它们当作玩具玩耍。因此，喜欢上"尺八"完全是环境熏陶所致，并没有人强迫我学。九岁那年，我决定拜师中西蝶山，学习吹奏"尺八"。

我出生于琵琶湖畔，年轻时琵琶湖总是萦绕心际，因此，我作曲时的感觉犹如画家写生一般。现在的我有着太多的羁绊，而当初是一有灵感就去创作。我觉得，只有产生了创作的冲动才能创作出真正的艺术作品。回顾我以往的作品，在有强烈创作冲动状态下创作出来的作品确实余味悠长、更胜一筹。

我时常到外地演出，然而，无论是在家里还是在舞台上，我都希望自己的心情能与平时一样，无论身处何地都能保持一颗平常心。我觉得，做人、做事顺其自然最为重要。

【娄正纲】

平常心是一种禅境。看破，放下，任运自由。起平常心，如如不动，一切都是规律的化现。该来必来，该走就走，怎样都好。庄子曰："圣人之心若镜，不将不迎，应而不藏，故能胜物而不伤。"当今世界瞬息万变，保持平常心非常重要，切不可受外界影响，忽而喜不自胜，忽而忧从中来。见到山本先生，给我印象最深的是他说过的一句话："尺八不是用嘴吹奏的，而是用心吹奏的。"山本演奏的尺八哀婉凄切、沁人肺腑。通过山本先生吹奏的尺八，我重新认识到了什么叫作"平常心"。

山本邦山

"尺八"演奏者、人间国宝、非物质文化遗产传承人。1937年出生于滋贺县。1958年毕业于京都外国语大学英文专业，1962年毕业于正派音乐学院乐理专业。自幼从其父——第一代山本邦山学吹尺八。他摈弃门派成见，与青木铃慕、横山胜也联合成立尺八"三本会"，掀起尺八热。获得过包括艺术选奖文部大臣奖与紫绶褒章等在内的多个奖项。2005年被授予东京艺术大学名誉教授。著有《尺八演奏论》等。

惟我独尊

【细川佳代子】

智障者奥林匹克是一个通过为那些缺乏体育环境的智障者提供训练场地、承办成果汇报比赛活动来促进智障者参加体育运动、培养智障者参加体育运动兴趣的民间团体。

我曾经认为，日本人对智障者奥林匹克缺乏理解，智障者奥林匹克恐怕很难坚持下去。然而，每当我看到那些因参加体育运动而变得开朗的智障人士时，内心就充满了克服困难的勇气和力量。

通过与智障人士的接触，我深深感动于他们身上的"惟我独尊"。这个世界没有一个人生来是多余的，我们每个人来到这个世界，都肩负着自己的使命，"我"作为个体是唯一的、尊贵的，是与他人生来平等的。今后，我还想通过开展各项活动为每一个参加活动的人找到生命的美好、生活的欢愉以及每个人所蕴藏的无限潜力。

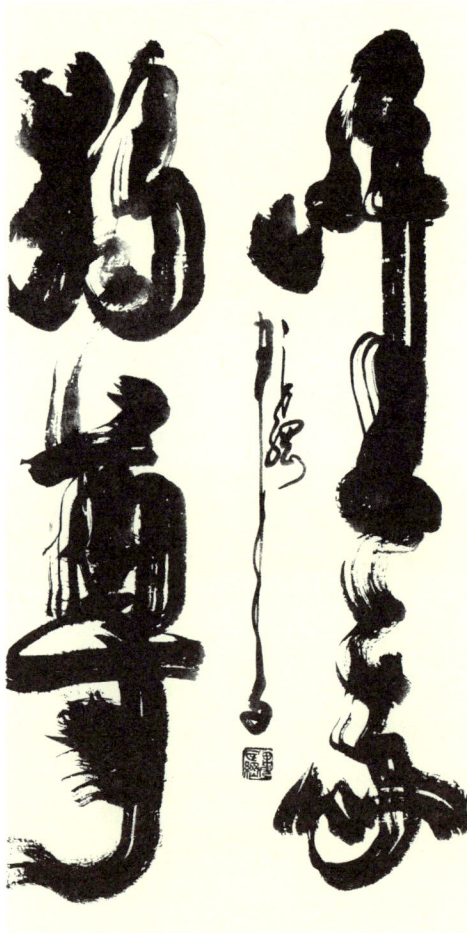

【 娄正纲 】

　　佛祖出生时，一手指天，一手指地，"天上地下，惟我独尊"。这不是佛祖的疏狂，这句话在暗示我们，每个人的生命都是尊贵的，命运掌握在自己手中。今生的使命，要去发现、承担。智障者让我们懂得仁爱与体谅，是上帝赐给我们的礼物。对智障者来说，他们的生命也是尊贵的、唯一的，人生的感悟对他们同等重要。我这件书法作品，表达的是自性觉醒时的喜悦，以及对每个个体生命的尊重。

细川佳代子

1942 年出生于中国东北。1968 年毕业于日本上智大学文学部。1971 年与大学时代的学兄细川护熙（日本前首相）结婚。婚后，作为政治家的妻子，长年支持丈夫的事业。1994 年创立旨在通过体育运动谋求智障者的自立和对社会的参与的日本智障者奥林匹克机构，担任理事长并积极开展各项活动。

幸福始于家庭的饭桌

【江上荣子】

烹调始于做家庭饭菜，做家庭饭菜是为解决我们的生存问题。迄今为止，我到过世界上六十多个国家，领略过各种各样的家庭料理的美味，深切感受到母亲们做饭时的自信。无论走到哪个国家，我看到母亲们都对自己的烹饪、对自己的家人充满信心，她们通过自己的双手，把自信变成美味的菜肴。

世界上的男人都很会讨母亲的欢心，他们总爱说："还是我妈做的饭菜最香。"听到这样赞扬的母亲也会时刻把家人放在心上，尽自己最大的努力把饭菜做得更加美味。就这样，对家人的爱成了母亲烹饪时看不见的"调料"。我母亲能做一手好菜，在她的厨房里有一个专门用来品尝味道的碟子，细细品尝料理的咸淡也反映了母亲对孩子和丈夫的关爱。

或许，有人认为"幸福始于家庭饭桌"的说法再平凡不过，但我却觉得它非常重要。

幸せは　掃除の心　車から

【娄正纲】

"爱"是一种心灵波动,纯净而喜悦,可以感染人心,甚至影响菜肴的味道。"爱"是家庭烹饪中一位看不见的调料,的确如此。我在书写"幸福始于家庭饭桌"(日语为"幸せは家庭の食卓から")这句话时,脑海中浮现出我家往日的情景:热气腾腾的厨房,为家人做饭菜时母亲展露的笑颜……母亲精心做出来的菜肴总会令人垂涎欲滴。在书写这句话时,我回味着家人温暖的亲情,并把这种温情运于笔端。母亲亲手做的热腾腾的饭菜带给我们健康的体魄,让我们的快乐从摆满丰盛菜肴的餐桌渗透到生活的各个角落。

江上荣子

烹饪研究专家、江上烹饪学院院长。1935年生于日本佐贺县。1958年毕业于青山学院文学部,1960年毕业于GOLDENBLUE烹饪学校。与烹饪研究专家江上富的长子种一结婚。反复钻研世界各国烹饪技术,曾担任日本"三分钟烹饪"电视节目著名主讲人,深受观众喜爱。著有《世界料理》等多部图书。

自由

建筑师捕捉设计灵感的最重要途径就是实地考察。仅仅通过看照片，是不会了解建筑物在自然界的光影中所营造的氛围的，照片拍得好，并非实际的建筑物就好。

我在考虑设计方案之前，总要到拟建地现场进行反复的实地考察，以便使自己的设计能够与当地的人文与自然环境等融为一体。在那里，我让自己整个身心进入到一种虚无的境地，就这样呆上一段时间，然后等待灵感到来的脚步声。所以，当有人问我，什么是建筑的诀窍时，我的回答是：将自己置身于未曾体验过的空间。

在工作中，请我做设计的客户通常会提到我以前的作品，希望我还按以前那样设计，但这样一来，我设计的作品就成为一种固定的模式了。我不想这么做，我希望能无拘无束地进行建筑设计。

13

【 娄正纲 】

纯粹的自由，只存在于精神领域。真正的自由，是毫无拘束，是恰到好处，浑然天成。这也是许多艺术家一生的追求吧！每个新作品都是一个崭新的生命，不要被以往的经验所束缚。敞开自己，放飞心灵，万类霜天竞自由！作为自勉，我在书写"自由"时，稍稍加大了用笔的力度。

隈研吾

建筑师、庆应义塾大学教授。1954 年出生于神奈川县。1977 年毕业于东京大学工学部本科，1979 年建业于东京大学研究生院。1990 年成立隈研吾城市建筑设计事务所。他提出构筑自然、技术与人类新型关系的建筑新理念。建筑设计作品众多，主要有"龟老山瞭望台"、"马头町广重美术馆"和"云上宾馆"等。出版《负建筑》和《新建筑入门》等著作。

梅花报春开

【加藤泷】

回想起来，走完 104 岁人生的母亲一直是我学习的楷模。

我父母的教育目标是早日让自己的孩子学会自立。所谓的自立就是用自己的头脑去思考，用自己的心灵去感应，用自己的力量去站立。要让孩子早日自立，就不要怕孩子摔跟头。人只有摔跟头，才会思考下一步该怎样去做。趁着年轻多摔跟头没有坏处。如果小时候没有摔过跟头，等长大了就不知道如何去处理成长的困顿。

我在刚满 30 岁那年，有一段时间曾特别苦恼。当时的我蔫头耷脑，脸上也失去了往日的笑容。母亲把我的这一切都看在眼里，把一张写有"梅花开于春天未至时"的字条送给了我。

梅花不畏严寒和呼啸的寒风，凛然伫立。我们无论遭遇到怎样的境遇，只有像梅花一样昂首挺胸、凛然伫立，才能去召唤春天。母亲对梅花情有独钟，当她把"梅花报春开"这句话送给我时，我就把它作为了自己的座右铭。

桜花も魁けて咲く

【娄正纲】

我们都是梅花的孩子

"天然根性异，万物尽难陪"，傲雪迎春，只为东君的车架，铺一条花路。这是梅花的使命。幼年的历练与选择很重要，我自己从3岁开始学习书法，受到父亲严格的教育。认定便是一生，走过，无怨无悔。不经风霜，不会有坚韧的心志。我从孤儿院认领并抚养了一对双胞胎，分别取名为大吉和小吉，我希望这两个孩子能有一个快乐的童年。孩子是看着父母的脊背长大的，也希望他们能感受到梅花的坚韧。我理解加藤泷女士，我们都是梅花的孩子。期待梅花精神的流传，我把"开"字写得很长。

加藤泷

评论员。1945年出生于东京都。1966年毕业于美国波特兰马路托诺马丘尼阿学院。加藤活跃在CM、国际音乐节召集人、广播DJ、口译和主持人等多项领域。著有《打造更加完美的自己》、《加藤静江104岁的人生》等著作。

18

道
心

【田沼武能】

我毕生追求的事业之一就是拍摄儿童的照片。现在，世界上有87%的儿童出生在发展中国家，尽管他们生活在战争和动荡等恶劣环境中，但他们却表现出一种积极向上的乐观精神风貌。

尽管物质生活极度贫乏，这些在大自然中玩耍的孩子们目光依旧明亮地闪烁着。

摄影不仅费脑也费体力，有一颗好奇心的驱使至关重要。我就是带着一颗好奇心行走于世界各地的，当遇到令自己感动的场景就按下相机快门。我认为，如果内心没有了感动，摄影工作就完结了。

对我而言，摄影是记录由一个个人所营造的世界。要想用相机拍下自己的感动，然后再把自己的感动传递给大家，就必须很好地捕捉到被拍照人物的内心世界，这与寻求真实之心是一脉相承的。

【娄正纲】

　　道，是万物运作的规律；爱，便是秘诀所在。通过田沼武能先生的摄影作品，你可以看到一个个忽闪着明亮眼睛的孩子们。这些自然中成长的孩子，心地更单纯，也更能与摄影家的真诚之心相呼应。所以他的作品，令人感动。其实，我们都是自然之子，但城市局限了我们的视线。透过这些生活在恶劣环境中的孩子们纯净的眼睛，我们发现了自然界"爱"的映射，看不出丝毫的黑暗与压抑。我在书写"道心"两字时，可以将部分笔画露在纸张之外，喻示着破障，解脱观念的束缚，也喻示了"道心"二字力量的强大。

田沼武能

　　摄影艺术家、日本摄影家协会会员。1929 年出生于东京都。1949年毕业于东京摄影工业专科学校，师承木村伊兵卫。通过 *LIFE* 和 *FORTUNE* 等众多媒体采访和发表自己的摄影作品。1985 年获得第33 届菊池宽奖，1990 年被授予紫绶褒勋章。主要作品集有《文士》、《东京的战后》、《地球上的孩子们》、《人类万岁》等。

明日是好友

【山本一力】

我因公司破产、负债累累而转行当了作家。当作家不需要什么本钱，只管爬格子就行了，我当时别无选择，只能走这条路。当妻子得知我的想法后，对我大力支持，使我能够朝着自己的目标迈出了第一步。

对我而言，"家人"是无须思考就能感知的一种存在。我们一旦走出家门，都会说一些言不由衷的话，甚至有时还会撒谎。而只有我们面对家人的时候，才会呈现出我们的本来面目。当然，即便是家人，相互之间也有因为想法不同而产生冲突的时候，但这无关紧要，重要的是彼此能够真心面对，不说谎话。

虽然不是每天都有开心的事情，但只要我们活着，明天就一定会来到。我们把新的一天是看作朋友，还是看作敌人？看法不同，我们的活法就不同。所以我要努力过好今天，并把明天看作自己的朋友。

食は方々

【娄正纲】

　　"明日是好友"是一种憧憬和信念，积极向上、光明的信念会吸引来美好的事物。人生中有高山也有低谷。山本先生的人生经历了不少坎坷，但他依然奋发向上，对明天充满希望。他生活的原动力源于家人的支持。我们有时只身在外打拼，必须要表现出坚强的一面，而只有面对家人的时候，才会袒露出自己软弱的一面，说话也不会有所顾忌。"明日是好友"是一句让我感受到力量的座右铭。

山本一力

作家。1948 年出生于高知县。毕业于世田谷工业高中。做过旅行社门市业务、撰稿人以及电信产品销售策划等工作。后来，因崇拜池波正太郎，开始写历史小说。2002 年，小说《暗红的天空》获得直木奖。其他作品有《萝卜》《穿防雪套鞋的信使》和《富士山的脊梁》等。

真正的奇葩

【梅若六郎】

"能"（日本传统戏剧。主角戴着面具且歌且舞，配角上场不戴面具。能乐幕间上演滑稽短剧"狂言"）是通过舞台剧来表达人的思想，并向观众进行倾诉的一种表演艺术。这一特征从古至今一以贯之。即便是古典作品，我也完全不觉得是在表演古代的事情。

通过戏剧表现人的喜怒哀乐和生生死死，其实就是让演员进入一个真实的自己无从知晓和到达的世界。如何通过戏剧表现这样一个连演员自己都需要想象才能到达的世界呢？作为一名演员真的很不容易。

"能"是一种非常单纯的表演艺术，对观众没有特别的要求，观众只需根据自己的人生经历去感受就可以了。如果还看不懂，我建议您不妨先到能乐剧场去找找感觉。

"能"的大师世阿弥常常把"奇葩"（日语为"花"）这个词挂在嘴上。什么是真正的奇葩？我能否找到属于自己艺术上真正的奇葩？为了达到"能"表演的最高境界，我可能要付出毕生的努力。

25

【娄正纲】

绽放的花，是能量的释放，多时的积攒，只为这一刻。每次演出，都像一次花儿的绽放，多年的修为与积淀，也只为这一刻。梅若六郎先生毕生追求能乐表演的最高境界。他的表演出神入化，威仪三千。动作看似简单却寓意深刻，包罗万象，宛若夏花。

梅若六郎

能乐演员。1948 年出生于东京都。3 岁（1951 年）时首次在《鞍马天狗》剧中担任角色。1954 年在《猩猩》剧中担任主角，1979 年继任梅若六郎家掌门人。1988 年承袭梅若六郎的艺名，成为第五十六代传人。他积极创作并表演新的作品，不仅《空海》一剧在欧洲博得好评，而且取材于芭蕾舞剧《吉赛儿》的现代"能"剧也备受关注。

温柔之心

【植田逸子】

对美的渴望成就了今天的我。我出生在战争年代，成长中总是伴随着某种渴望，尤其是当美被遮蔽时，我便对美产生强烈的渴望，这种渴望一直萦绕在我的脑海。

"二战"结束后，我离开熊本来到东京，从此走上了服装设计的人生之路。我的这条人生之路布满坎坷，但所幸我遇到了许多善良的人，他们一直在默默地支持着我，诸如名师的精心栽培以及那些善良友人对我的无私帮助。这一切珍宝般装满了我心中的百宝箱。

人与人的相逢以及人与物的相逢能够产生共鸣，有相见恨晚之感。作为一个有志于创造的人，我时刻提醒自己：一定要谦虚并拥有一颗温柔之心。

【娄正纲】

温柔，是一种内在能量，柔和、纯净而无私。女子的温柔，是最佳武器，化解、包容一切。在缤纷流行的时装界，植田逸子女士的设计风格独树一帜，不逢迎潮流。她的设计简洁大方，如母亲的呵护，如亲人的关怀，本真流露。植田女士令我敬佩，温柔中感觉到她内心的坚强与爱。想到植田女士性格中的刚柔相济，我在书写"心"字时着意突出了它的力量感。

植田逸子

时装设计师。1928 年出生于熊本县。1949 年毕业于日本桑泽研究所文化学院。1956 年在赤坂创立了植田逸子工作室。1975 年在巴黎举办时装展，获时装报纸杂志编辑俱乐部奖。1976 年担任日本美智子皇后专职服装设计师。著有《植田逸子的世界》和《布与人的相遇》等著作。

感谢

【汤川丽子】

音乐对那些没有金钱、地位和名誉的普通人而言，是一种用来保持自我的武器，对人类而言则是最古老的一味药。就像我们听音乐会感到快乐那样，音乐蕴含了一种超越我们自身所拥有的巨大的能量。

现在，我致力于复兴摇篮曲的运动。在母亲的胎盘中听惯母亲心跳的婴儿，出生后当被母亲抱着或者背着，听到母亲体内的心跳声时，情绪就会安定下来。

因此，摇篮曲是音乐最原始的出发点。真心希望更多的母亲们给自己的孩子多哼唱摇篮曲。

几年前我得了一场大病，曾徘徊在生死线上。对我而言，此后的人生就像是白赚的一样。在与音乐相遇的人生中，我历经沧桑，但无论是生命中那些美好的事情还是令人生厌的事情，对我而言都是有意义的。意识到了这点时，我想对人生中一切的幸福和苦难由衷地说声："谢谢！"

【娄正纲】

人生如梦，一切都是体验。那些帮助过我们的，伤害过我们的，都是活菩萨。他们带来的经验，让我们成长。感谢一切，感恩一切。汤川丽子女士对音乐及人生的体验，深邃宽广。与她交流，使我心有所感。在此对她说一声，感谢！

汤川丽子

音乐评论家。1939 年出生于东京都。1955 年毕业于崎友学园女子高中。活跃于 DJ、主持人、作词家等领域，在环保运动中也有一定知名度。歌词创作包括 *long a way*、《殉情六本木》、《陷入恋情》等，并出版有《幸福的天堂》、《音乐力》等著作。

33

日日是好日

【 内田繁 】

在 20 世纪科学万能主义盛行的时代，社会只承认强者，弱者生存艰难。现在，我们将迎来一个崭新的时代，社会逐渐把目光投向那些弱势和温和的人们。所以，我将自己的创造理念定位为：轻便、舒适与透明。

对我而言，设计就是思考如何使我们过得更幸福。或许有人认为设计就是创造出特殊的、出人意料的东西，其实根本不是那么回事。设计是设计师在无意间对人们记忆深处储存物的采撷，对设计而言冷静和日常是必要的元素。

我们只要活着，生活中就会有喜悦和悲伤，这是无可奈何的。我们必须学会承受命运给我们的所有好事和坏事，这就是我们自己的人生。每当新的一天到来时，我都会在心里默默祝愿：今天也是一个好日子。

【娄正纲】

　　大道至简。日本文化圆融寂静，性格温和的内田繁先生深受熏陶。对他而言，生活和工作都是一种感悟。春花秋月，夏风冬雪，心情坦然淡然，每天都是好日子，不生分别心。简约，恬静，这种心态也体现在内田先生的设计中。他创造了可以移动的茶室，随时体验人生百味。"日日是好日"这句话包含了四个"日"字，我在书写每个"日"字时都加进了一些变化。

内田繁　室内装潢设计师。1943年出生于神奈川县。担任东京造型大学和桑泽设计研究所客座教授。从事过的设计项目繁多，尤以家具设计为主。近年来，门司港酒店的设计制作和组装式茶室的设计制作备受关注。曾荣获1999年度艺术选奖文部大臣奖。内田著作等身，出版有《室内装潢与日本人》等多部著作。

诗人之魂

【中西礼】

我生长在中国的"满洲"，8岁那年第一次踏上日本的土地。初到日本时，感觉就像是到了外国，特别企望日本能爱我，拥抱我。随着昭和时代的结束，我写的诗歌成了致昭和的情书。当我意识到这一点时，我便开始改写小说。后来，我凭借小说《长崎小调》荣获日本第122届直木奖，这次获奖使我第一次有了被日本认同的感觉。

所谓"表现"其实是对充满个性化的主题进行深入的挖掘。一旦突破个性化的壁垒，文学表现便进入到一个能够产生共鸣的普遍世界。写作是为引起读者共鸣而付出的努力，对我而言写作是我生存下去的理由。

"诗人之魂"是查理·托雷宁演唱的一首法国民歌。当一部好作品问世后，作品中的人物会超越性别、年龄和国籍，以一种"魂灵"的形式而存在，我希望永远记住这一点。

【娄正纲】

　　我和中西礼有一个共通之处，就是我们都出生在中国的黑龙江省。而且，尽管表现手法不同，我们都是语言的表现者，中西先生是我尊敬的作家之一。我特别赞同他的"写作是为引起读者共鸣而付出的努力"这一观点。秦时月即今时月。流转的是时间，不变的是人心。一个好作品，最终留下来的，只有心灵的共鸣。我觉得，"诗人之魂"这句座右铭，恰似中西先生的人生写照。

中西礼

作家、词作家。1938 年出生于中国东北。毕业于日本立教大学法语专业。作为一名词作家，他创作的畅销曲有《你不想知道吗？》、《有时像娼妓》和《北酒馆》等。1988 年后开始文学创作，推出作品《兄弟》。获得直木文学奖后，仍然笔耕不辍，陆续推出《赤月》等作品，受到世人广泛关注。

勿忘初衷

植物身上有一种力量，可以传递给我们能量并治愈我们心灵的创伤。

昭和初期，我的祖父勒使河苍风提倡自由的插花艺术，他说："花一旦插好就变成了人。"我完全赞同他的观点。插花艺术表现的是插花人的内心世界，插花人即便想隐瞒也隐瞒不住，其人性会通过插花作品呈现出来，让观者一览无余。因此，插花人必须经常进行自我审视和自我磨练，以提升自我。

现在，为了让插花艺术从专业人士的狭小世界中走出来，我们致力于加强与其他同道者的合作，并从中获益匪浅。

当我们一旦习惯于做某种事情，便会逐渐丧失紧张感，插花也如此。然而，作为一个真正从事创造性工作的人，我时常提醒自己要珍惜初衷，永葆内心世界的纯真。

物心一如ならず

41

【娄正纲】

花的生命是短暂的。插花艺术使花的美丽得到升华，并以其永恒的美感深深地铭刻在观赏者心中。我完全赞同勒使河祖父曾说过的那句话——"花一旦插好就变成了人"，插花艺术使插花人的人性有了得以表达的形式。当然，作品的好坏完全取决于观赏者的感觉。每个人的初心，皆是赤子之心。红尘滚滚，不可迷失。"勿忘初心"（日语为"初心忘る可らず"）是我以前经常书写的一句话。我希望今后依然不忘初衷，以一种崭新的情感进行创作。

勒使河原茜

草原派花道第四代掌门人。1960 年出生于东京都。他不仅创作出时尚大气的插花作品，还进行舞台美术和珠宝设计等。开设"茜少年班"，不遗余力地指导青少年学习插花，希望通过插花培养青少年丰富的感受性和自主性。

真善美

【福原义存】

我的两个叔叔都曾做过摄影师，所以，我从小就喜欢摄影。学生时代经常到野外拍摄花草和自然，我的摄影作品还在自己喜欢的杂志上发表过。为此，我经常出入出版社，在那里学到了许多书本上没有的知识。

比工作更重要的是整理环境。任何生物都有自我成长和努力向善的特性，过度呵护反而适得其反。当看到那些蓬勃生长的植物时，大家就会明白根本不需对其过度呵护。

对我而言，五彩缤纷的人生不能缺少艺术和文化。所谓的"真善美"就是我们生存的意义。虽然这一目标离我们似乎还很遥远，但这却是我们为之奋斗的终极目标。我们大家现在不正是朝着这一美好目标，一点点地在努力吗？

43

【娄正纲】

有着"经营巨匠"美誉的福原先生认为，我们活着就要铭记"真善美"。正如先生所云，这三个字体现了生存的意义和人生的目标。真善美，分别表示能量的纯净、高频与和谐。追求真、体验善、热爱美，是我们身心健康不可或缺的精神食粮。酷爱艺术的福原先生为繁荣日本美术市场发挥了不可估量的作用。

福原义春

资生堂名誉会长、东京都写真美术馆馆长。1931年出生于东京都。1953年毕业于庆应义塾大学，同年进入资生堂工作，在各部门担任要职。1987年就任社长，1997年任会长，2001年任名誉会长。福原义春为振兴日本艺术和文化尽心竭力，在社会享有很高威望。2004年被授予旭日重光徽章。著有《生活即学习》、《100朵兰花》以及《猫、小石头和亲爱的齐烈夫》等著作。

悠游

以赤、黄、绿、蓝、紫着色的九谷五彩艳丽无比，是世界上最华丽的陶瓷器，色彩的巧妙融合为陶瓷器注入了生命。

我从3岁到22岁一直是跟祖父吃住在一起，有一次，祖父把如何调制色彩的秘诀告诉我，并嘱咐我要对父亲保密。但只有我一个人知道秘诀是无法烧制陶瓷的，我很快就告诉了父亲（笑）。

烧制陶瓷的关键是掌握火候，有时候，我简直不敢相信眼前出炉的陶瓷是自己亲手做的，也许是某种神秘的力量借助我的手制作出来的，只有天知道！

我有一位舞蹈老师，我一直师从他学习舞蹈直到24岁。现在，我还迷恋一些自己喜欢的事情，诸如象棋、围棋和钓鱼等，享受着属于自己的每一天。人的生命是短暂的，只要活着就会有悲伤和痛苦，所以，我们既要承受生活中的悲伤和痛苦，还要享受人生的幸福和快乐。

【娄正纲】

德田先生的作品色泽独特而美艳，令人叹为观止。我特别希望能有机会到现场亲眼看他如何创作。惟有到达人生的巅峰，才能深刻理解"悠游"（日语为"遊"）的意味。"遊"，是一种主动体验，一切都是游学，在游历中验证所学，在"悠游"中领悟艺术的真谛，积累切身经验。"遊"，是一种精神扬升的方式，不游不悟。我希望在工作中也能有一点"遊"的感觉。经历了人生的酸甜苦辣但却依然活得潇洒自如的德田先生，令我尤为尊敬。

德田八十吉

陶艺家、人间国宝、非物质文化遗产传承人。1933 年出生于石川县。师从其祖父和其父学习九谷烧陶瓷制作的基本技术。他制作的陶瓷作品澄澈、空灵，在日本陶瓷界独树一帜。曾荣获 1977 年日本传统工艺展最优秀奖 "日本工艺会总裁奖" 等多项大奖。1993 年被授予紫绶褒章。1997 年被认定为非物质文化遗产传承人。

鸳鸯

【壶井勘也】

　　雕塑作品的创造需要各种各样的材料。或许因为我在河边长大，那里到处都是石头的缘故吧，我最喜欢的材料还是质感良好的石头。

　　处理石头这种坚硬的材料靠的是顽强的意志，因为不切割石头就无法做出造型。当我开始创作时，石头还会暗示给我怎样切割才最完美，或许自然万物都是善解人意的。

　　雕塑就如同点缀街景的那些艺术作品一样，让人赏心悦目。我追求的就是让人赏心悦目的艺术。艺术作品放在露天会很快被风雨侵蚀、风化，而用大自然的材料创作出来的作品却是街中永恒的风景。所以，我要创造那些可以触摸、把玩的作品。

　　家庭是社会和谐的象征，我希望家人都能像鸳鸯一样和睦相处。

49

【娄正纲】

鸳鸯是一种美丽的水禽，不离不弃，厮守终生，世人把鸳鸯当成忠贞爱情的象征。但我觉得鸳鸯一词，更喻示着亲和融洽的人际关系，以及人类与自然界的和谐互动。恰如阴阳，不可分割。壶井勘先生理解石头的物性，通过石雕作品传达内心情怀，合于自然，逾久弥坚。万物皆为阴阳，互相依存，本无对立，心物皆然。感慨于心，欣然为壶井勘先生题写"鸳鸯"二字。

壶井勘也

造型家、大阪艺术大学教授。1951年出生于大阪府。1977年毕业于大阪艺术大学艺术系。1978年荣获安田火灾美术财团奖，1979年荣获二科展特别奖。1984年为新居文化公园制作纪念雕塑并以此契机在日本各地制作纪念雕塑。1992年为美国俄亥俄州的福罗拉花园制作纪念雕塑。

无为自然

【福田喜重】

以前，刺绣需要分工协作，而我希望自己一个人完成印染、图案设计和刺绣的所有工序。当我还是一名学徒时，父亲对我的训练、教导是出了名的严格。回想起来，我之所以能够拥有今天这般手艺，完全是因为父亲从小就让我穿针引线，使我的手长成了一名工艺人的手。

行针不够迅速，刺绣就显不出光泽，这是刺绣的宿命。丝在紧绷时的状态最美，美得宛如美丽女子绸缎般的黑发。

制作刺绣的材料是蚕丝，细长均一、有弹力还能保温，可谓纤维之王，恐怕没有比它更好的刺绣材料了。

我们要摒弃人为因素，崇尚自然。"无为自然"是我很喜欢的词语。因为我们很难达到这种境界，所以，我要以这四个字为师并将其铭刻在心。

【娄正纲】

　　福田先生通过自己的技艺支撑着细腻、美雅的日本传统文化。我和福田先生一样，小时候都受到过父亲严格的训练。我能想象福田先生当学徒时的艰辛。刺绣是需要耐性的工作。通过他的作品，我仿佛触摸到一个埋在内心世界深处、诚实的工艺大师的灵魂。无为，无人为因素，贴合物性，按事物规律去做。只有了解蚕丝的各种性能，方可发挥到极致，展示真丝刺绣的本来面目。本来面目，就是自然。他的作品精致细密，美艳绝伦，每针都恰到好处。令人神清气爽，从中能看到一种精神所在。

福田喜重

印染织布专家、人间国宝、非物质文化遗产传承人、日本刺绣第一人。1932 年出生于京都府，自幼跟随其父喜三郎学习刺绣的传统技法，之后继承家业。他的作品格调高雅，优美，色调含蓄且具有微妙的层次变化，获得大家赞誉。1997 年被认定为刺绣领域非物质文化遗产传承人。

54

想象力

日本画的最大特征是：使用的颜料由砸碎的天然矿物制作而成。这种岩石颜料很适合体现日本传统的美，我在创作时常常被这种颜料的色彩深深吸引。

日本画从古至今素以风花雪月为题材。由于日本四面环海，拥有丰富的自然资源，所以日本人对大自然的四季变化十分敏感。日本人不仅仅喜爱艳丽的花朵，秋草也是日本画中最常见的表现素材。日本画还把人的生存面貌和情感的微妙变化寄托于秋草，既是画秋草也是在画人。我们要珍惜与大自然和谐共处之中产生的感性，创造出现代风格的、咏叹风花雪月的艺术世界。

人类与其他动物最重要的区别是具有想象力。对一个从事创造性工作的人而言，想象力远比画画的技术更为重要。

【娄正纲】

创作中最不可或缺的因素是想象力。想象力，是一种内在力量，胸中自有丘壑，描物本是描心。石踊先生的作品华美，富于表现力，体现了日本文化与自然和谐与扎根于生活的传统审美意识。我在聆听石踊先生讲述他的人生经历和座右铭时，感受到他身上刚柔相济的特征。因此，我在书写"想象力"时试图融入了刚柔相济这样的元素。

石踊达哉

日本画画家。1945年出生于中国东北。1970年东京艺术大学研究生院肄业。举办过二十五次个人画展。其中，1996年举办的"濑户内寂听"和"源氏物语"画展最具影响，画展展出了其新创作的全部作品——五十四幅装裱原画。1998年出版《源氏物语故事画》画册，并成为畅销书。

拼命 忘我

【小林旭】

在日本电影最辉煌的时代，我平均每两周拍一部电影。我最忙的时候，曾经一年拍过十三部电影。

当时，影迷们特别支持我，小林旭对他们而言，是永远的"热血汉子"和动作巨星。所以，我不能找替身，所有的动作都是自己亲自出演。结果隔三差五就会受伤，一受伤就住院，可一出院，第二天就会赶往片场，飞身跳上时速四十公里的汽车。

我这个人不管是做什么事情都很玩命、一往无前。忘我、不空想，仿佛置身于"无"的世界……。我希望自己时刻怀有一种从零做起的悟性和心情。

回顾自己五十年的演艺生涯，当过演员，做过歌手，经历了人生况味，我希望今后还能为大家有所贡献。

59

【娄正纲】

我从小开始学习书法，生活在书画之中的人生超过了三十年。现在我即将就要迎来自己的 40 周岁。了解了小林先生五十多年来的艺术生涯，我对他表示由衷的敬佩。人生如梦，沉浸在无我状态中拼命工作，一生悬命，恰是小林旭先生的真实写照。选择了道路，就要义无反顾地走下去。小林先生即便处于人生的低谷也能拼命、忘我地工作。小林先生这一席话，让我重新认识到拼命、忘我精神的可贵之处，并通过书法予以表达。

小林旭　演员、歌手。1938 年出生于东京都。1955 年，作为第三届影坛新人进入"日活"公司。1956 年，他凭借在《饥饿的灵魂》中的出色表演而崭露头角。曾出演"候鸟系列"和"流浪者系列"两个系列电影，深受影迷喜爱。为缔造黄金时代的日本电影立下了汗马功劳。作为歌手，《说出过去的名字》、《热烈的心》两首歌曾大红大紫。

水乳交融与听众

　　歌剧的魅力在于：能够利用声音的穿透力，使眼前数千名观众的生命力产生百分之百的震撼。歌剧演唱时不用麦克风，很讲究呼吸的技巧，唱高音时能够一下子高上去，能够在不给声带增加负担的情况下让自己的声音响彻整个剧场。

　　职业的特点要求我们演员绝不能感冒、生病，一感冒，演出就彻底完了，所以我格外注意自己的健康状况。我锻炼的方法是：找一个有大树的地方去搂抱大树（笑）。你还别说，这一招还挺有效的，我这十五年来没感冒过，兴许是我从大树里汲取了能量和负氧离子的缘故吧。事实上，对于一个歌手来说，懂得如何去锻炼身体非常重要。

　　作为一个声乐家，我平时念念不忘的是如何与听众做到水乳交融。不仅要通过演奏感动观众，还要使观众与自己一起充满激情，最好的状态就是通过作品的演唱与观众保持零距离接触。

【娄正纲】

"一座建立"，中文意为全体在座的人共同营造。水谷先生的愿望是：与听众融为一体，演奏者、歌者、听众三者共同创造并拥有音乐所诠释的世界。水谷先生经过日夜苦练，钻研，终于让自己美妙的歌声响彻剧场的每一个角落。这歌声打破了种族与语言的壁垒，感动着每一位观众，我也为水谷先生动人心弦的歌声所感动。"与听众水乳交融"在日语中写作"一座建立"，我一气呵成书写完了这四个大字。

水口聪　声乐家。第一位以全体考官一致认可的最好成绩毕业于维也纳国家音乐大学的日本人。在米兰国际歌剧比赛中获男中音组第一名，在古勒赛斯贝克国际歌剧比赛中获男次中音组第一名。经常在维也纳国家歌剧院、雅典国家歌剧院、香榭丽舍剧场等歌剧院演出。2007年在新国立剧场出演《命运力量》的主角。在布拉迪斯发国家剧场演唱过《图兰朵》等歌剧。

气

【 小篠弘子 】

我从小酷爱画画，现在看到笔墨纸砚还会怦然心动。水、墨与"和纸"三者之间的组合不同，创造出来的作品也不同，这真是一件很有趣的事情。而且，我每次作画都会有新的发现。

我认为要创造出自己风格的作品，创作环境很重要。我有一处私宅，位于大自然的怀抱之中，每逢节假日我就会远离城市的喧嚣，到那里去度假。生活需要张弛有度，平时工作紧张，节假日就要放松些。那里没有城市的喧嚣，可以让自己的注意力集中到自然万物的成长与各种变化上，去培养和创造灵感。自然万物能发出一种"气"，通过与"气"对话，我能够敏感地捕捉到自然界各种细微的变化，并提高自己的表现力。

我不管是写书法还是画画，都能够集中注意力，使作品一气呵成。这种注意力就是"气"。作为一名创作者，我通过身心的放松，获得了勇"气"、精"气"以及各式各样的"气"。这些"气"作为新的能量，推动着我的创作。

64

【 娄正纲 】

根据最新科学发现，宇宙中有 10% 的物质，及 90% 的暗物质与暗能量。这种暗能量，就是古人说的"炁"。气是一种能量场，人在气中，气在人中。小篠心灵纯净，敏锐细腻。她热爱自然，大自然也总是给她精神力量与创作灵感。小篠是我生活中一位非常重要的朋友。我们有着相同的人生观，情谊相投。我曾经参观过她的制衣工作室和工作车间。通过小篠的作品，我感受到日本传统文化的璀璨与小篠家庭的温暖。聆听小篠的谈话，感觉与她产生共鸣的地方真的很多，尤其让我最为认同的是"余白很重要"这句话。人生也一样，需要有放松的时间。我书写"气"这个字时，就是出于这样的想法，并在运笔中贯注了一份力量。

小篠弘子

时装设计师。1937 年出生于大阪府。毕业于文化服装学院。1964 年开设高级时装制衣工作室，并显露出卓越才能，从此活跃于世界各地。2005 年生产并推出时尚的男性节能型夏装 COOL BIZ，引起各方普遍关注。

夷险一节

【片山右京】

如果我们拥有梦想并朝着心中描绘的未来而努力，我们就可以超越自己的能力。我一直是这样认为，也是这样做的。然而，遗憾的是 F1 的经历击碎了我的梦想，天才赛车手的成功使我陷入了深深的自卑。但我不甘心生活在失败的阴影里，我要凭借意志战胜对手。于是，我决定挑战珠穆朗玛峰，以自己的力量站在世界之巅。

虽然人人都会有喜欢安逸、回避挑战的天性，但只要是自己喜欢的事情，不管多忙、多辛苦都不会觉得。我就是这种类型的人。只要是做自己喜欢的事情，无论什么时候，我都会持之以恒而不是畏缩不前。

我们只要活着，在我们力所不及的地方就会有好事也有坏事，我们一定要控制自己的情绪，尽最大努力做好自己力所能及的事情。这就是我对"夷险一节"这一词语的理解。

【娄正纲】

F1 世界的残酷性远远超乎我们的想象，那里既听不到声音，也看不到颜色。还有，在千变万化的自然环境中攀登世界高峰……。片山右京先生在自己的人生道路上挑战了一个又一个高峰。我们大多数人习惯于追求安逸，回避挑战，但是这样的人难道幸福吗？"夷险一节"是一种信念，不管环境如何变化，节操不变。保持不动心，尽力去做，梦想一定成真。我在书写这四个字时，融入了象征着片山先生赛车时速的意味。

片山右京

赛车手、登山家。1963 年出生于东京都。毕业于日大三高。1992 年初次亮相 F1，1997 年引退。1999 年参加罗马 24 小时汽车拉力赛。同时，还进行登山活动。1998 年开始登山，2001 年曾独自攀登喜马拉雅山，并成功登上海拔 8201 米的卓奥友峰。2005 年担任大阪产业大学客座教授。著有《失败之后是胜利》一书。

美道

　　我从小生活在美国，无从得知祖母（祖师山野爱子）有多伟大，更没有想到自己会成为山野爱子美容业的第二代接班人。因此，当听说让我跟随老师到各地巡回学习时，我着实吃了一惊。刚开始学的时候，又要学日语又要学美容术，感到非常吃力，但我认为，能使自己和别人容光焕发的美容事业是一项伟大的事业。

　　20世纪20年代，我的祖母创立了美容学校，探索整体美并致力于培养美容的后备人才。祖母提出了美容的五大原则，即头发美、容颜美、穿戴美、精神美和健康美。

　　我认为整体美中最重要的是精神美。心态积极，做任何事情都能够成功。精神振奋则一好百好。即便是在人生最艰难的时刻，如果能够保持微笑，心情也会变得舒畅起来。

70

【娄正纲】

美是女性追求的永恒目标。笑颜和精神美对女性而言至关重要。女人为了做一个理想的自己，需要持之以恒地付出努力。如果连自己都认为不可能，就真的不会有任何可能。我觉得"美道"给女性提供了无限的可能。古人说"相由心生"，心灵洁净、喜悦，容颜一定悦人。心灵纯正、精神饱满，身体一定健康，头发也会自然有活力。精神境界高的人，审美情趣也高，穿戴也会更漂亮。所以精神美是最重要的，决定了其他四个方面。

山野爱子

山野美容职业学校校长、山野美容艺术短期大学副校长兼教授。出生于美国洛杉矶。跟随祖母学习并掌握美容之道。1984年，承袭第二代掌门人山野爱子的名号，继承美容之道。提倡整体美的理念，即头发美、容颜美、穿戴美、精神美和健康美。她凭借着丰富的感受力和良好的国际视野，成为美容界的领袖，致力于美容教育和服装文化的普及。

美食时代

【田崎真也】

作为膳食总管，我对什么样的膳食搭配什么样的葡萄酒可谓了然于胸，但我认为比这更重要的是对顾客信息的掌握，比如客人的喜好和预算标准等。葡萄酒的价格幅度很大，为了向客人推荐合适的葡萄酒，我们要了解客人的预算标准，预算标准比葡萄酒的味道更重要。

我们在挑选葡萄酒时要有自己的尺度。价格最好控制在一千日元到一千五百日元之间，先按不同的种类先品尝，然后找出一款适合自己口味的葡萄酒。通过品尝，你会慢慢培养出对葡萄酒的鉴别能力。

美食是我们享受愉快时刻不可或缺的，同时也是人类情感交流的工具。我希望将来在海边建一座房子，在自己的地里种菜，在家门口的大海里钓鱼……我还想经营一家餐厅，周末一天只接待两拨儿客人。哦！真想早点儿退休，去享受自己的第二人生。

【 娄正纲 】

　　美食，需要用心搭配。美酒美味的调和，除了经验，也需要很高的领悟力才能做得更好。所以，美食也是一种艺术。田崎先生说过，我们如今已经进入美食时代。的确如此，我们曾一度把引进外国餐饮文化作为一种时尚。后来，这一观念逐渐发生了变化，记得有一阵子还出现了吃五谷杂粮热，现在，我们开始重视生活的丰富多彩，而不是食物本身。如果我们没有丰富的内心世界，就无法品尝到葡萄酒的美味，也无法感受到艺术的魅力。

田崎真也

膳食总管。1958 年出生于东京都。17 岁开始从事餐饮业，先后担任厨师、服务生和膳食总管。1995 年，在世界最优秀的膳食总管比赛中，一举打破法国和意大利人长期的垄断地位而成为首次夺魁的日本人。著有《吃鳗鱼能喝葡萄酒吗？》等多部著作。

观
察
力

【久里洋二】

　　我还是在创作漫画的时候，就已经意识到卡通时代即将到来，所以我很早就开始了卡通创作。碰巧当时我拥有制作卡通的设备，我经常让我的那些设计师、画家和摄影师朋友们进行创作，并宣传和推广。

　　那时，当我们创作出的作品赚到钱时，我通常会带着员工到银座去喝酒。这就是我为什么忙忙碌碌却没能攒下钱来（笑）。虽然花了不少钱，但我却因此结交了不少的朋友，至今都对自己有很大帮助。当时，耳闻目睹获得的生活体验一直留在我的脑海并成为了我创作的素材。

　　无论什么事情我都特别喜欢多看上几眼。每天走在大街上，我都能通过悬挂的招牌和发生的新鲜事，觉察到城市潜移默化的变化。一般人留意不到的变化却逃不过我敏锐的双眼，这些都构成了我画画的素材。

画家的观察力非常敏锐，都受过专业训练。久里先生多次向我谈到"仔细看"的重要性。看的时候不能漫不经心，而要睁大"心"的眼睛，只有这样，我们才能看到自己可能看到的一切。不过，看的时候内心要松弛，不能过于专注，有时太过专注反而会让我们漏掉一些重要的东西。从这个意义上讲，或许适度是最重要的。久里先生敏锐的观察力、丰富的表现力和开阔的心胸都给我留下了深刻的印象。

久里洋二

卡通作家、漫画家、画家。1928 年出生于福井县。毕业于文化学院美术专业。1958 年荣获第四届文艺春秋社漫画奖。1962 年在威尼斯国际电影节上荣获卡通电影圣马可狮子奖，1963 年再次获得该奖项。1964 年出演日本电视台 11PM 的卡通节目，连续十八年不断推出新作。1992 年被授予紫绶褒奖章。2003 年荣获福井县民奖。

批评是艺

【一龙齐贞水】

演技是在不断碰壁的过程中锤炼出来的。碰壁后我们就得去学习，通过学习就能解决艺术上的难题。人的一生就是这样不断重复的过程。如果有人对自己的演技沾沾自喜，那他的这辈子就只能画上句号，不会再进步了。当一个人觉得他的演技还不够完善时，他就会想办法去解决。克服了演技上的难题，他的演技才能进一步精进和完善。所以，我希望自己能够带着演技上的遗憾走完自己的人生。

已故恩师贞丈 1968 年在后台曾对我说过这样的话："最近，已经听不到热心观众对我的批评了。"而且近来台下多为捧杀的观众。当然，谁听到表扬都会高兴，但高兴不了几天就忘了。相反，当听到"这演的是什么玩意儿，太差劲了"这些话的时候，我就会很懊恼。这挥之不去的懊恼促使我更加努力学习和钻研，以克服演技的不足。

因此，演技不是老师教出来的，而是自己琢磨出来的。

【娄正纲】

贞水先生的评书让我感受到人的善良与诚实。贞水先生的说书艺术炉火纯青，享有"怪评贞水"之美誉。当谈及他的成功时，贞水先生认为完全是观众的批评所赐，观众的不满和指责虽给他带来了懊恼，但却鞭策着他不断钻研演技。古人云："闻过则喜"，"知耻近乎勇"。贞水先生有勇者之心，谦谦君子之风。从事和钻研评书艺术五十年，半个世纪谈何容易。仅凭他从艺那些年坚持在第一线演出，就不是一般人能做到的。我在书写"批评是艺"（日语为"叱言は芸"）时，在书法中刻意表现了其中的厚重。

一龙齐贞水

评书大师、人间国宝、非物质文化遗产继承人。1939 年出生于东京都。1955 年进入评书界，1966 年承袭"贞水"艺名，成为评书表演的压轴演员。利用照明和音响，开创了立体怪评模式，人称"怪评贞水"。1996 年，把池波正太郎创作的《鬼平犯科帐》改编成单人剧，一时成为街谈巷议的话题。2002 年 4 月至 2006 年 3 月担任评书协会会长，现任顾问。2002 年成为评书界第一位非物质文化遗产继承人。

一音成佛

这二十多年来，每当月圆之夜，我都会外出旅行，面对高山和大海打鼓。有很多次，自然界也呼应我的鼓声，随着我的鼓点，皎洁的月光透过云层，映照在富士山上。

旅行不但给人新的生命，还会催人成长。骑在摩托车上，尽管有时会有生命危险，但裸露的躯体沐浴着阳光和微风，让我们对大自然有一种切肤之感。从这个意义上，摩托车尽管是现代文明的产物，但却让我们领略旅行的本质。

"能"是通过一部部具体作品表达日本风土人情和季节变化的一门艺术。"鼓"也一样，通过与自然风景的融合来表达人的感情。

打鼓时打的其实是我们的所思所想，其中包含了万物生灵对我们的恩赐。一音成佛就是，我想把倾注自己思想情感的鼓声一锤一锤地敲出去，并使之传到整个世界。

　　大仓先生拥有"古典艺术改革者"的美誉，打鼓的技艺已融进他的血脉，并成为他身体的一部分了。他打鼓的基础是来自他大名鼎鼎严父的一脉相传。鼓音是号令，也是节奏，能传达鼓手的心声。大仓先生打出的鼓声富于变化，时而震天动地，击破寂静；时而低沉徘徊，消失在深夜阑珊之中；时而哀婉，时而热烈，时而振奋人心。每一锤鼓声都传递给人一种生命的神秘感。

大仓正之助

　　能乐伴奏大仓派的大鼓演奏者。出生在"大鼓、小鼓"的能乐伴奏世家，从室町（日本朝代的年号）开始祖祖辈辈从事能乐伴奏，至今已有650年的历史。父亲是已故第15代掌门人大仓长十郎的长子。大仓正之助9岁登台打鼓，他的大鼓不仅在能乐的舞台上进行伴奏，还在世界各国举办的各种庆典和比赛中进行表演。他的专著《鼓动》由致知出版社出版，他的CD专集《飞天》由通俗音乐音像出版社发售。

感受快乐之心

【奥寺康彦】

横滨 FC 是支持横滨飞翼的球迷们凭借着对足球的狂热而组成的球队，他们现在的目标是扩大俱乐部的规模，晋级 F1。

其实，小时候的我非常胆小怕事，别说是对大人出言不逊，就是那些需要自己出面的事情也不敢去做。最初，我对踢足球并不感兴趣，是朋友约我才去踢的。后来，踢足球逐渐让我感到快乐，自己也越来越对自己产生认可了。我也希望我的学校（奥寺体育培训）能看到我通过足球找到了自己真正想做的事情。

我在签名时经常会写下"感受快乐之心"这几个字。"感受快乐之心"证明了心里有享受快乐的能力。我希望自己能快乐地工作。

【娄正纲】

横滨飞翼是日本联盟杯足球队，因遭到合并而消亡。在这一情势下，横滨飞翼的支持者们创建了横滨 FC 俱乐部。现在，奥寺先生正在和球员、球迷一道为实现晋级 F1 的目标而努力着。经营一支球队的辛苦是我们难以想象的。然而，奥寺先生在面对困难却怀着一颗"感受快乐之心"。我认为自己也需要这样的心态，我一边这样思索着，一边挥毫完成了他的座右铭。

奥寺康彦

日本横滨 FC 董事社长。1952 年出生于神奈川县。原为古河电工球员，1977 年加盟 IFC 科隆队，是日本第一个作为专业球手加盟的运动员。后来，归属荷尔塔柏林队。1986 年回归日本古河电工队。1996 年担任市原杰夫的教练，1999 年担任现职。著有《足球世界杯百科全书》一书。

知音

【新内仲三郎】

我的父亲和叔叔都是说唱"新内"曲的表演艺术家。我从3岁开始就喜欢弹日本三弦,即便从早弹到晚都不觉得累。就这样,我步入了说唱"新内"曲的行业。

"新内"曲是净琉璃音乐中的一种,曲调哀婉,通过揭示人情世故的微妙来歌唱人生百态。"新内"曲具备忧伤、欢快和热情奔放的特点,曲目多以殉情为主,曲调转换根据弹奏者不同而有微妙的差异。

远在江户时代,演奏者往往走出剧场,走街串巷进行表演,深受庶民的喜爱。这种沿街说唱与其说是为了挣钱,倒不如说是为了修行和宣传。当时的演奏者似乎特别受追捧(笑)。

声音能够引起耳鼓的振动,人与人的接触能够引起心灵的震颤。我希望自己把日本三弦弹得响彻云霄,希望自己成为三弦的知音!

【娄正纲】

新内先生说过，他希望自己总能弹奏出响彻云霄、令人震撼的三弦之音。这句话似乎很好地反映了他的人品。新内先生是一位能让你在和他接触时产生心灵震撼的艺术家。他不仅没有止步于传统的曲调，还与摇滚、西班牙民乐等不同风格的音乐人同台演出。音乐无国界，琴弦的波动与心灵的感动，大家是一样的。三弦的音色哀婉、热情，"知音"在日语中为"知音友"，这三个音节发出响亮的回声。

新内仲三郎

"新内"曲说唱表演艺术家、人间国宝、非物质文化遗产继承人。1940年出生于东京都。17岁当师傅。1984年承袭富士元派第六代掌门人的衣钵和名号。他经常到国外演出，并与葡萄牙和西班牙等国家的民歌民谣同台献艺，享有一定的知名度。2001年被评选为非物质文化遗产继承人，2003年被授予紫绶褒奖章。主要作品有《女猩猩》、《雪女》、《新内道成寺》和《梦的依恋》等。

图南之翼

【崔洋一】

　　我的少年时代适逢日本电影的黄金岁月，所以看过很多出色的电影。对孩提时代的我而言，电影是我最大的娱乐，而电影院则是我在头脑中探险的场所。

　　"今后我该靠什么生活呢？"当我在思考这个问题的时候，碰巧有人邀请我到电影拍摄现场探班。通过现场体验，我觉得当电影导演真的很有趣，能够通过电影来表现自我。后来，我便走上了电影导演之路。不知道为什么，与那些主流社会呼风唤雨、能量无边的人相比，我更关注社会上的那些弱势群体。我的作品以拍摄社会底层人群在生命线上的顽强挣扎为主题，因为，构成人类生存最根本的能量不都是健康的，烦恼与欢乐也同时存在。

　　"图南之翼"给人的印象就是拥有远大的志向，向着汪洋大海展翅高飞。但对这几个字，我是这样理解的：向全世界展现你的伟大目标吧！

【娄正纲】

迄今为止，崔先生有不少轰动社会的电影问世。作品所表现的世界形形色色，有的画面令人不忍目睹，有的画面温馨浪漫，这一切构成了崔先生电影的有机部分。然而，无论是看他哪一部作品，我都有一个相同的印象，那就是他的人文关怀。"图南之翼"，出自庄子"逍遥游"，含义是"鲲鹏之翅"。扶摇直上，舒展垂天之翼飞向南溟，是大鹏的志向。"图南之翼"是崔先生的座右铭，体现了他的人生态度，即人要有志向、有理想并在谋求变化中展翅翱翔。

崔洋一

电影导演。1949年出生于长野县。1976年，在大岛渚导演的电影《感官世界》中担任首席助理导演，并引起世人关注。之后，连续导演《不知何时有人会被杀害》、《朋友，安息吧！》等电影。1993年凭借电影《月亮在哪里》囊括了该年度日本电影所有的奖项。其他引人注目的作品还有《马克思山》、《血与骨》等。

我好奇，故我在

【小田岛雄】

这十七八年来，我平均每年观赏三百六十五部以上的戏剧。有人问我，看这么多戏剧难道看不厌吗？我告诉他，只要我活着不感觉厌倦，看戏就不会厌倦。

通过戏剧，我一次又一次地领悟道，人是这样不可思议，或许这就是戏剧的巨大魅力。而且，在所有的戏剧中，我觉得莎士比亚戏剧最具魅力，我愿用我的一生来宣传它。

人的阅历是否丰富取决于他体验喜怒哀乐的多少。与丰富的阅历相比，名誉和地位都属变幻无常、过眼云烟之物。

"我好奇，故我在"是我模仿众所周知的笛卡尔名言"我思故我在"改写的。对我而言，失去好奇心就等于失去生存的意义。无论我们多大年龄，都有适合我们年龄的好奇心。这是我从莎士比亚戏剧中学到的。

我かりり心
らより長に
高音り

【娄正纲】

世界上骄傲自满的人很多。很可惜，他们的心智总是停留在原地，拒绝新的探索与体验。智者却不是这样，他们总有好奇心。好奇心如同心灵打开的窗户，可以看到窗外的新事物，总是期待着新的探索。小田岛先生就是这样一位智者。对他来说，没有好奇心和求知欲，人生就失去了乐趣。亲爱的读者，你是不是也这样认为？现代社会信息泛滥，我们似乎只能被动地接受信息，根本不需要去发现什么。然而，我们一旦对事物失去好奇心，就无法享受到人生的乐趣。在这一点上，小田岛先生是我学习的榜样。

小田岛雄 东京大学名誉教授。1930年出生于中国东北。1953年东京大学研究生院硕士课程肄业。曾在津田塾大学担任讲师，之后在东京大学担任教授，1991年被授予名誉教授。1993年兼任东京艺术剧院院长。译著有《莎士比亚全集》等。著作有《爱始于莎士比亚》等。

无心

【吉田文雀】

我是在我父亲任职东京时降生的。父母亲喜欢看戏，从我懂事的时候，他们就经常带我到东京歌舞伎剧院的木板看台前看戏。所以，从很小的时候，戏剧就自然而然地融入我身体之中了。后来，我父亲调回故乡大阪工作，由于我和担任木偶操手的演员混得很熟，得以在他们的剧场自由地进进出出。

我入行学操纵木偶适逢日本战败前。当时，晚上实行灯火管制，外面漆黑一片，独有舞台上亮着电灯，明亮的灯光勾魂摄魄。当时，我被应征入伍当了学生兵，先是在军需工厂工作，然后预定九月份到航空兵大队报到。正当我做好了必死的思想准备时，战争结束了。于是，我直接获准进入木偶净琉璃戏班学艺，从此开始了我长达六十年的从艺生涯。

所谓"无心"是在表演的时候，注意做到心无杂念，使自己完全进入到角色的内心世界，但这说起来容易，做起来却很难。

97

【娄正纲】

"无心",指的是"忘我"的一种境界。心无旁骛,专注在所关注的事物上,或者物我两忘,毫无杂念,皆是无心境界。"无心"是吉田先生演绎木偶六十年的经验总结。我在艺术创作的时候也一样,面对纸张要摒弃杂念,在握笔的瞬间内心不能有一丝一毫的不安,要让自己完全处于"无心"的状态,否则就无法创作出好作品来。经吉田先生的演绎木偶被注入了生命力,从木偶的一个个动作上,我们感受到吉田先生身上的灵性光辉。

吉田文雀

木偶净琉璃戏表演艺术家、人间国宝、非物质文化遗产传承人。1928年出生于东京都。1945年进入木偶净琉璃戏班学艺,由第二代吉田玉市担任指导。1950年成为吉田文五郎的入门弟子,改名文雀。长年担任净琉璃戏木偶的幕后操手,手法卓越,深受人们的喜爱和赞赏。1994年被认定为非物质文化遗产传承人。1999年荣获勋四等旭日小绶奖勋章。

和

【神津善行】

我常想地球上的一切生物是不是都会受到声音的影响呢？当我从音乐学院毕业的时候，我突然意识到只有地球上才会有声音。我在制作电影音乐的同时，开始了对声音的研究。

植物是我的研究对象之一。树木自身能够发出指令，并与其他树木进行交流。其交流借助微弱的电磁波进行，而不是像人类那样通过声音来交谈。一旦把电磁波转换成声音，我们就可以知道树木之间交谈的秘密了。

只有身处漆黑的世界，我们的肉眼才能看见各种各样的电磁波。从这个意义上讲，我们人类在地球上的生存其实是很美好的。

我们要意识到自己是与植物共同生活的，为了在地球上生存，我们就必须与其他生物保持平衡与和谐的关系。同样的道理，人与音乐的协调也很重要，这一点永远不会改变。

【娄正纲】

一切都是波动。地球上的空气可以传播声音，使得很窄的一部分频率，可以被人的耳朵听到。神津先生通过音波来触摸一切暖融融的生命，心中流淌着优美的乐曲。神津先生的座右铭是"和"，这个字始于"龢"字，本意恰恰是指乐器及声音的协调有序，《说文解字》的注解是"和众声"。"和"字也用来表现人与周围环境和事物的和谐关系，儒家称为"致中和"。发而中节，圆融无缺。所以，我在书写这个"和"字时，把右偏旁的"口"字写得很圆。

神津善行

作曲家。1932年出生于东京都。创作电影音乐大约三百余首。《看妈妈那边》和《致新婚妻子之歌》等流行歌曲深受人们喜爱。写有随笔以及关于教育方面的文章，在电视上亮相，举办音乐会，广泛参加各种活动。著有《拥抱星空》和《音乐拾遗》等著作。

想象的创造

【千住博】

我从小就喜欢画画。上高中时，我希望自己将来的工作是做自己喜欢的事情，可想来想去，除了画画，没有一样是自己喜欢的。我当时就产生了想画画并画给别人看的愿望。我意识到自己一刻都没有放弃这样的念头。现在，我感到无比幸福，因为做的工作是自己喜欢的。

画画不仅需要运笔，还要用五官感知宇宙万物。有意识地把自己置身于自然之中，让自然赋予自己生命。这就是自然的本质，这就是喜悦。

人生没有彩排，通常现在的瞬间就是正式的演出。因此，我一直认为在梦想中描绘的就是现在我们人生要做的。而且，相比创造，想象更为重要。我每天都是带着去创造想象的心情进行创作的。

【娄正纲】

　　有一句话叫做"四方自然"。置身于自然，用心感悟。万物皆入我心，胸中自有天地。境由心生，画由心造，这就是想象力。即便如此，"想象的创造"还是一幅很难完成的书法作品。"想象"的英语是 imagination，"创造"的英语是 creation，两者该如何协调呢？最后，我把"想象的创造"（日语为"想像の創造"）中的"の"看作是一个天平的支点。在书写时把"の"放在中间，以保持"想象"和"创造"之间的平衡。

千住博

日本画家。1958 年出生于东京都。1982 年毕业于东京艺术大学美术系，1987 年于该大学研究生院博士课程肄业。千住博是一位朝气蓬勃的画家，他创造的作品气势恢弘，充满现代气息，获得较高评价。近年，装饰在羽田机场航站楼天井的《银河》等作品曾引起轰动。出版《千住博画册—水之音》等画册。

命

【井上八千代】

上方（京都及附近地区）舞中的京舞产生于京都，是舞伎和艺伎跳的一种舞蹈，表现的是日本普通妇女的内心情感和四季的自然风光。

我的祖母井上爱子（第四代掌门人，艺名八千代）是一位天才舞蹈家，曾有一段时间因为担心自己后继无人而很烦恼。然而，祖母没有想到的是，她的舞台深深地吸引了我。而且，我还觉得跳京舞是一项不错的工作。现在看来，我选择了一项自己最喜欢的工作。

跳舞最重要的是人与音乐的配合默契。我最近深切感受到，要想做到"默契"，不放松心情是不行的。

艺人的使命是在舞台上表现人生百态，所以我希望能够通过舞台展现生命的力量。我多么希望自己能够表现这样的生命力——生命在诞生时的娇嫩与扎根大地时的力量。

【娄正纲】

井上八千代具备了典型日本女性的气质，稳重典雅。她儿时受祖母影响开始学跳京舞，并最终成为一代掌门人。她把"命"作为其座右铭真是再恰当不过了。"命"在这里，指的是生物的能量。井上女士通过京舞表现的是"生命之光"，她用优美的舞姿把女性细腻的内心世界和生命力的不同阶段表现得淋漓尽致。我在写这幅字时，把她的稳重与坚强凝聚到了这个"命"字中。

井上八千代

京舞井上流第五代掌门人。出生于京都府。毕业于圣母院女子学院附属高中。4岁登台演出，13岁（1969年）承袭艺名。从1975年开始在祇园女红场（艺伎培训所）担任教师。1998年荣获日本艺术院奖。她是继祖母（第四代掌门人）、父亲片山九郎右卫门之后第三个获奖的家族成员。2000年承袭艺名八千代。

笑口开，幸福来

"狂言"和"能"合称为能乐。"能"表演的是悲剧，而"狂言"表演的是喜剧。表演时，我们通过滑稽的表情和台词来逗乐观众。

有一位表演大师说过："逗乐观众是很难的。"如果不能逗乐观众，就要全身心地演绎角色，开朗、愉快地努力去饰演角色，观众看了自然也就会很开心。

我们是表演狂言的大家庭，包括行家在内有二十多人，以男性居多。我们家庭成员之间和睦相处的秘诀是：大声说话，相互之间畅所欲言，有什么说什么。我不仅有孙子孙女，还有重孙子重孙女，我特别希望我们这个大家庭能一起站在舞台上表演狂言。

我表演的是喜剧，希望能够逗乐前来观看的观众。我一定要尽最大努力，以最好的精神面貌进行演出。

〔娄正纲〕

"哈哈哈……"，这是狂言大师茂山千作的开怀大笑。茂山千作先生性格豪爽，和他在一起，你会觉得精神振奋，心情愉快。"笑口开，幸福来"，是茂山先生的座右铭。愉悦的心情，总是可以吸引来美好的事物，这也是人生的潜在法则。我要以茂山先生为楷模，笑口常开。在创作这幅座右铭时，我把"幸福来"（日文为"福来る"）这一部分写得很长，预示着幸福的绵长、久远。

茂山千作

狂言大师、人间国宝、非物质文化遗产传承人。1920年出生于京都府。5岁登台表演。1966年承袭第十二代千五郎的艺名。表演的艺术风格娇媚与豪放兼备，受到众多观众的喜爱。1989年被认定为非物质文化遗产传承人。1994年承袭第四代千作的艺名，致力于新创作狂言和复曲的表演。

喜

【中村明子】

　　我的父亲是小说家，母亲是新剧的演员。听说他们两人年轻的时候就非常前卫，是在一场轰轰烈烈的恋爱之后结的婚。

　　父亲厌恶那些鼓吹战争的文学，20世纪30年代封笔后便不再出去工作，他说："我不擅长拿着比笔更重的工具去干活。"从此，养家糊口的重任落到母亲一个人身上，母亲一边工作，一边照顾家庭。对母亲而言，她跟父亲结婚不是为了给自己找条生路，而是出于爱，所以很尊重父亲的意愿。母亲是最理解父亲的。

　　父亲生前曾对我说过："我们虽然没有做什么了不起的大事，但活着的时候至少不能让你们嫌弃我们。"听父亲这么说，我深有感触。即便是一家人，也不能忘记起码的礼貌、礼节。

　　不管怎样，我都要在人生舞台和艺术的舞台将"喜剧"一直演下去。工作中也好，生活中也好，开心愉快难道不是比悲伤难过要好吗？

【娄正纲】

真正的"喜",是看破,是放下后的禅悦。接受,并喜悦一切。中村女士说,无论是工作还是生活,她都要演"喜剧"。中村女士还是一个彬彬有礼的人,她认为家庭是学校,礼仪是心声,一定要好好传扬下去。中村就是通过这两方面的实践,成长为女性中的佼佼者。回顾我自己一路走来的人生,可能是"悲"大于"喜",但从今以后,我要格外重视"喜"。

中村
明子

演员。1934 年出生于东京都。两岁登台演出,在电影《江户人阿健》中扮演阿福。因精彩地扮演儿童角色的而家喻户晓。"二战"结束后,出演广播剧《和姐姐在一起》,因声音的超强模仿能力,而博得听众喜爱。她从电视初创阶段开始就出演电视剧,还担任主持人,在文艺表演领域异常活跃。

志高头低

【奥岛孝康】

年轻人肩负着地球与人类的未来，我希望学生们都怀抱远大的志向。

现在，越来越多的大学生热衷于参加各种俱乐部活动，但对地球、人类和社会似乎关心不够。为了把未来建设成我们所向往的世界，我们应该怎么做？我希望年轻的学生能够认真考虑这一问题。

年轻人应该通过与大自然的接触和旅行来锻炼自己。大自然不会对人类阿谀逢迎，人类如果与它作对肯定会吃苦头。但是，人类也只有在与大自然接触和碰撞时，才能记住教训，并学会如何与大自然相处。

"志高头低"是我自己创造的词语，顾名思义是志向要高远，态度要谦恭。人要有远大的志向，但要在社会上立足必须始终保持低姿态。我希望年轻人都能够有这样一种姿态。

【娄正纲】

"志",拆开来是士心。士,是君子,君子之心在于天下,苍生。这个字本来就指明了志的方向。奥岛先生作为一位教育工作者,终日与学生打交道。而现在的社会不同于以往,每位年轻人很难拥有梦想。奥岛先生的座右铭"志高头低"确实值得每一位拥有美好未来的年轻人铭刻在心。如果一个人没有志向,就只能随波逐流,而不能逆水行舟。如果一个人不保持低调与从容,就只能遭遇"枪打出头鸟"。所以,我是带着与大家共勉的心情来书写这一座右铭的。

奥岛孝康

早稻田大学法学研究生院教授。1939 年出生于爱媛县。1963 年早稻田大学法学系毕业,1969 年该大学研究生院博士课程肄业。1976 年担任教授,1990 年担任法学系主任,1994 年至 2002 年担任第十四任大学校长。历任中央教育审议会成员、推进司法改革本部顾问等重要职务。著有《现代公司法的支配与参与》和《志立大学早稻田的实现》等著作。

适时之花与艺术之花

【上原真理】

　　传统艺术思想封建，训练严酷，所以我年轻时就有摆脱这样环境的想法。我当时想，进了宝塚歌剧团就能唱歌、跳舞和演戏，多好啊！我就是带着这样的想法，报考宝塚歌舞团的。

　　但我一直没有放弃对琵琶的热爱，希望有朝一日能够给更多的人演奏优美的琵琶曲。我在宝塚系统学习了西方音乐。这段时间的学习让我能够客观地看待日本的传统艺术，而且我所经历的一切都成了我艺术创作的源泉。

　　琵琶是一种音色深沉、能够表达心声的乐器。筑前琵琶把独白和弹奏融为一体，如果没有真情，就无法表现出感人的独白。

　　当我立志把琵琶作为自己毕生的事业时，心里就决定把世阿弥撰写的《风姿花传书》作为艺术经典来研读。艺术的缺陷可以通过年轻来弥补，这就是艺术表演的"适时之花"。但我希望自己将来有一天能够成为"真正的艺术之花"。

【娄正纲】

上原女士高雅、清秀。我对她希望成为"真正的艺术之花"的想法颇有同感。花样年华在舞台绽放，是件幸运的事情。上原女士成功地演绎了"女儿"这一角色，是璀璨的"宝塚之花"。她表演的筑前琵琶哀婉动人，获得巨大的成功，堪称"琵琶之花"。这是两朵不同的花，我在书写这幅书法作品时，分别融入了不同的寓意。上原女士对艺术精益求精，潜心钻研，相信她将来一定能获得更大的成功。

上原真理

筑前琵琶演奏家。1947年出生于兵库县，是筑前琵琶掌门人之女。1966年考入宝塚音乐学校，1968年开始作为宝塚歌舞团演员登台演出，出演《我的偶像》。是扮演"女儿"这一角色的首席明星。1981年退出歌舞团后，把琵琶演奏作为毕生的事业，她创作的《平家物语》等筑前琵琶曲享有很高的知名度。

只要功夫深，铁杵磨成针

【千住真理子】

自 12 岁登台演出，我被人们誉为天才。但一开始时我的小提琴拉得并不好。不上学的时候，我一天拉琴十四个小时。上学的时候，一天也要拉上四五个小时，而且每天坚持不辍。

由于勤学苦练，我对自己很自负，觉得自己终于会拉小提琴了。然而，当人们称赞我是天才的时候，会拉琴就成了理所当然的事情。那时，尽管我还是一个小孩子，就已经承受到了巨大的压力，并为此陷入深深的烦恼。在我 20 岁那年，我决定放弃拉小提琴，以免小提琴葬送自己的整个人生。

后来，我经历了很多事，小提琴也荒废了两年。为了把这两年的时间补回来，我重新拿起小提琴，并在七年后找回所有拉琴的感觉。那时，我意识到奇迹真的发生在自己身上了。

我父亲经常对我说："每天都要努力啊。"是啊，"只要功夫深，铁杵磨成针"，只要每天一点点地挑战自己的极限，不可能就一定会变为可能。

【娄正纲】

　　我也曾经经历过被人称作"天才少女"后的精神压力。千住女士通过自己的努力顶住了这方面的压力。她练琴十分刻苦，几乎到了忘我的境界。通过练琴，她体会到艺术家的痛苦与喜悦，而痛苦与喜悦则让她成熟起来。书法与音乐有相通之处，都注重"变化"。正是出于这样的想法，我在书写座右铭"只要功夫深，铁杵磨成针"（日语为"練習は不可能を可能にする"）中的对两个"可能"进行了一番表现。

千住真理子

小提琴演奏家。出生于东京都。两岁半学习小提琴，12 岁登台演出。15 岁取得日本音乐比赛第一名，成为最年轻的冠军。到 2005 年，她迎来了 30 年的从艺生涯。发行的 CD 有《宛如歌唱》和《爱的协奏曲》等，出版《聆听小提琴》等著作。

诚心诚意

【高木敏子】

    1945 年 3 月 10 日，东京遭到美军空袭，我妈妈和两个妹妹在空袭中丧生。只知道她们死时的大概位置是东京正中心，具体位置无从确认。我们没有发现她们的尸首，也没有发现她们的骨骸，这就是战争！那年的盂兰盆节，我们为她们举行了葬礼，墓地里什么都没有埋，我那时还小，不理解为什么要这么做。

    在空袭后的废墟上，我看到了一块被大火烧得变形的玻璃，玻璃上有一只小白兔。这时，我想起了妈妈和妹妹们，心里异常难过，不知道她们临死前在想什么。妈妈生前经常嘱咐我，别让人看自己的笑话，不要给别人添麻烦。她的话至今还时常在我耳畔回响，并成为我活下去的精神支柱。

    我要趁着自己健康尚可，尽可能地把自己的亲身经历和体会告诉后人，以完成自己的使命。作为一个亲历战争并生存下来的人，我们有义务让自己的子孙后代了解战争的残酷。

    不管是做什么事情，只要我们诚心诚意就一定能够如愿以偿。所以，我和大家每一次的见面、交谈都是诚心诚意的。

【娄正纲】

高木女士的一生有过那么多惨痛的经历，至爱的亲人因空袭和机关枪的扫射而丧生。虽然她当时不明白他们为什么会死，但必须顽强地活下去以表示对她们的哀思。这一想法支撑着她。正因为高木女士懂得生命的珍贵，所以她才会告诉全世界的人们和平有多么重要，让我们一起来倾听她的声音，感受她的真诚吧。诚是真心，代表心灵的纯净，诚敬可以感动天地。现代社会武力纷争不断，"诚心诚意"地祈求世界和平，让人类远离战争和骚乱是何等的重要啊！

高木敏子

儿童文学作家。1932年出生于东京都。她根据自己对战争的体验创作的《玻璃小白兔》，1977年出版并成为畅销书，销售量超过百万册。该作品不仅被搬上银幕，还被NHK改编成电视剧。1978年荣获日本厚生省儿童福祉文化奖，1979年荣获日本新闻工作者会议奖，2005年荣获英本女性大奖。至今，《玻璃小白兔》已经被翻译成九个国家的文字出版。

乾
坤

【堀　博】

　　我的本职工作是制作偶人，开始舞台表演的想法很简单，就是想让偶人跳舞，给大家展示动态美。就像美人回眸，其身体的曲线和腰背的优美可以通过对偶人的操纵展现出来，从而变得栩栩如生。

　　表演偶人舞是一项重体力活，单人操纵的偶人重达二十公斤。然而，单人操纵的偶人不会影响观众的观瞻，观众可以看到三百六十度的偶人，这是单人操纵偶人舞的魅力所在。

　　偶人制作凝聚了制作者的各种意象，表演则是通过舞台把偶人内心的微妙变化传递到或扩散到剧场的每一个角落。凝聚与扩散是两种截然不同的行为，所以在进行两种不同的艺术创作时，内心或许需要保持某种平衡。

　　乾坤的"乾"表示"阳"和"天"等，"坤"表示"阴"和"地"等。我认为阴阳天地象征着和谐的宇宙。我希望我们生活的地球由对立走向和谐。

【娄正纲】

　　堀博的偶人舞散发着不可思议的生命力，他的座右铭"乾坤"分别表示不同的世界。阴与阳、动与静、凝聚与扩散……的两极世界。两者互为依存，可以互相转化，而不是对立关系。你中有我，我中有你。我们看问题，要少一些矛盾，对立的观点，二者本来就是一个系统。就好比通过堀博的操纵，偶人舞演绎了生死的神秘与悲壮。我在书法创作中，想象着地球万物的和谐，把"乾"与"坤"二字连到了一起。

堀博　偶人制作者。19岁在偶人公开征集展会上荣获第一名。在国内外举办过偶人展。制作的偶人大小不一，小到可以放在掌心，大到和真人大小一样，可用于舞台表演。用自己制作的偶人开创了崭新的舞台表演艺术"偶人舞"，1990年被授予东京都民文化奖章。他是拥有二十五年设计经验的和服设计师，获得过和服文化奖，还参与过多次舞台和电影服装的设计。

琴酒诗

【山本胜】

茶怀石是为了喝浓茶而准备的膳食。茶会当天，店老板忙不过来，由我们代替他主理怀石料理。

茶怀石最重要的一点是：了解店老板接待客人的方式。顾客的年龄、男女比例、饮食喜好等等，我们都要了解，然后替客人挑餐具，最后安排菜谱。

我们一边观察茶会的进展情况，一边准备膳食，或煎或烤或煮，但端上来的膳食必须是刚出锅的。准备膳食是与时间在战斗，非常紧张。我们最开心的事是从店老板那里听说客人很满意。当然，茶会的流派不同，上菜的做法也不同。我在这方面挨过不少的骂，并在挨骂中学到了不少有用的知识。对我而言，直至今天，顾客一直是我料理方面的师傅。

琴酒诗指的是音乐、文学和酒，比喻成植物就是松竹梅。我在准备膳食时，心里想的是四季常青的松树、梅花的品格以及沉甸甸落雪下看似柔弱的竹子的韧性。

【娄正纲】

山本先生待人彬彬有礼，做事谨慎，但内心刚强。不张扬，为人本分，每天都做着默默无闻的后台工作。"琴酒诗"由三个要素组合而成，写成一列，布局不平衡，写成两列又与"三友居"的意思不吻合。于是，我在创作时，决定斜着由右上方往左下方书写，而且考虑到怀石料理的特点，我还把"酒"字写小一些。

山本胜　日本茶怀石料理厨师。1944 年出生于京都府。1968 年从立命馆大学毕业后，继承祖传料理店家业。山本是保护并继承反映茶道精神的正宗茶怀石料理的划时代厨师。料理店"三友居"的店名是从"琴、酒、诗乃人生三友"中得来的。固守主打菜肴三菜一汤，以独具匠心的菜肴款待客人。

忍耐

【鸟羽屋文五郎】

三味弦在歌舞伎中所起的作用与管弦乐相当，有时像是在描绘说书的故事场景和人物心理变化，有时又像是通过三味弦的音质演绎森罗万象的大千世界。

我15岁初次登台演出。刚开始表演时，感觉时间过得特别慢，就好像专题讨论会的时间被拖长了一样。在演员休息室，我被前辈们的大牌气势所压倒，感受到前所未有的压力。我意识到这就是艺术表演的世界。

歌舞伎是一种综合表演的艺术，协调十分重要。因此，在舞台上，最能引起观众注意的还是好的歌曲和演奏。我个人认为，一个演员要到50岁才能在舞台上站稳脚跟。为此，我愿意把自己的一辈子交给艺术，直至达到艺术的峰巅。

"堪忍"的"堪"，意思是指堪得住人间无数的欲望和诱惑。但人都有回避困难并选择去做容易事情的天性，所以我把"忍耐"二字作为自己的行为准则。

【娄正纲】

三味弦通过音色支撑着歌舞伎，是综合艺术歌舞伎必不可少的东西。鸟羽屋先生作为三味弦演奏家，一直活跃在第一线舞台，惟有他才配"忍耐"的座右铭。忍，不是单纯的承受压力及诱惑，而是主动的转化成动力。一路走来，鸟羽屋先生一直忍耐着，坚持着。他说，今后还会继续忍耐并把现在的三味弦演奏事业坚持下去，直至生命的终点。我也是把书法作为自己毕生事业的人，在书写"忍耐"（日语为"堪忍"）这两个字时，心中涌起了忍耐和坚持的信念。

鸟羽屋文五郎

歌舞伎三味弦演奏家。1963年出生于东京都。成就歌舞伎戏剧的是歌舞伎的音乐。音乐的作用在于增强戏剧效果，衬托演员表演，引领戏剧主题的作用。文五郎是活跃在歌舞伎舞台上的著名三味弦演奏家。现在，为了继承和发扬歌舞伎音乐的传统，他积极参加各种活动。

梦

【田川启二】

我们把专门为高级时装店订制的刺绣统称为高级时装串珠刺绣。制作刺绣的材料有串珠和亮片等，它们如同是油画的颜料，材料和技巧的组合方式不同，创造出来的作品也不同。

串珠刺绣的魅力在于光线的反射。材料的组合方式不同，串珠刺绣晃动起来时发出的光泽也不同。所以，我们在设计和填充亮片时，充分考虑了这方面的因素。

我想把自己的喜好和擅长都变成工作。基于这样的想法，我曾经一边学习时装一边从事串珠刺绣。我自认为自己在做串珠刺绣上是有天赋的。

我喜欢"梦"字的掷地有声，对我来说，为梦想而活着十分重要。我希望自己拥有众多梦想，并朝着梦想的方向前行。

【娄正纲】

"梦"让人对前景充满期待，"梦"给人以甜美的回味。田川先生的"梦"似乎有这样的含义：做自己想做的自己。我们会在心中描绘出很多的梦想，正因为有梦想，我们才会去努力，实现了一个梦想，我们再去寻找下一个新的梦想。我觉得田川先生是一个奋发向上的人。如果让我换一个词来表达"梦"，我会使用"纯洁的心灵期待"。

田川启二

串珠刺绣专家。1959年出生于东京都。毕业于明治大学法学系。1987年在法国高级名牌时装店工作时，发现从事高级时装串珠刺绣具有潜在商机。1989年设立奇丽雅工厂，生产的刺绣作品华丽精致，十分畅销。他还设立了串珠刺绣的培训机构。出版有《法式品位的串珠刺绣》等著作。

猫

【朝仓摄】

有人说我小时候经常逃学，这在国外并不是什么稀罕事。即便不上学，在我家里也有二三十位艺术大学的学生，尽管他们是大人，但都成了我小时候的玩伴。

日本人一般都希望立刻明确自己的头衔，但当我真想去做什么的时候，我并不在乎这个头衔是什么。画画是一个人完成的工作，但我对舞台更有兴趣。舞台是这样的一个空间，不仅要有编导和演员，还要有音响、照明和美术等各项技术的参与。为了这个舞台，大家竭尽全力，而不管最后的创作是成功，还是失败。我就是喜欢这样的工作状态。

我特别喜欢猫，一听到猫这个字，心就会变得很柔和。猫真的很有趣。我觉得自己是和猫一起生活而不是饲养猫。

【娄正纲】

　　朝仓女士曾给我看过她家的猫的照片，我在书写"猫"这个字时，脑中联想到的是朝仓女士家的猫的身体。"猫"的偏旁是"犭"，我是想象着动物的尾巴来书写的，所以写得很长，而且有一种行云流水的感觉。朝仓女士说，一听到猫这个字，心就会变得很柔和。朝仓女士爱猫的程度无人能及，希望她能喜欢我写的"猫"。朝仓女士无拘无束的自由精神与奋发向上的人生态度，是我学习的榜样。

朝仓摄

舞台表演艺术家。1922 年出生于东京都。毕业于外国语专门学校，是雕刻大师朝仓文夫的长女。1941 年首次入围新文化展。1953 年凭借日本画荣获上村松园奖。之后，从事舞台表演艺术，异常活跃，演绎作品的范围很广，不仅有前卫戏剧还有歌剧。代表作有《李尔王》和《越前竹人偶》等。著有《朝仓摄的舞台人生》等书籍。

141

青春

【森田健作】

人有早起型和晚睡型两种，我属于早起型。从当学生的时候开始，我就很早起来去学习。要知道，做青春偶像派明星要是不起早到海边跑步怎么能行呢。（笑）

如何与人相识，如何烹调蔬菜……这些教科书上学不到的知识，社会上有很多场所能提供给我们。虽然我不擅长学习，但母亲曾对我说："天生我才必有用，你身上一定会有属于自己的闪光点。"于是，我选择了体育，拼命练习剑道。因为我练过剑道，所以体力好，能够胜任电视剧里的主角。父母和教师的责任就是在孩子身上发掘出其他孩子所没有的、只有这个孩子才有的闪光点。

我们的身体都会衰老，但心理年龄不一定会随着身体的衰老而衰老。因此，我希望自己的心能够永葆青春，而青春则是这个世界共通的语言。

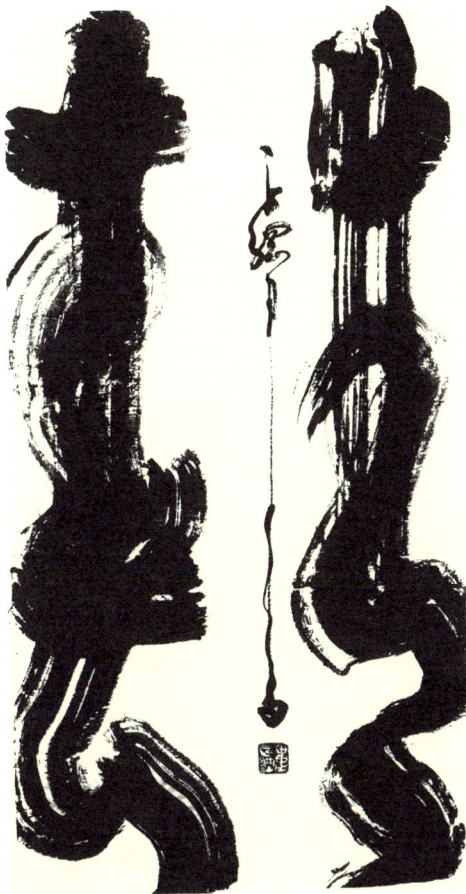

【娄正纲】

森田先生是一位热情洋溢、经历丰富的人。我在书写"青春"二字时贯注了雄浑的笔力。"青春"是一种旺盛的生命力，奋发进取，充满力量。如果我们的心能够保持年轻，我们就能够战胜一切的艰难险阻。重要的是我们每天都要保持这样的心态。我希望自己的每一天都是带着梦想与希望度过的。

森田健作

演员、原众议院议员。1949 年出生于东京都。1969 年初次登台演出，在电影《傍晚的月亮》中与黛纯演对手戏。之后，作为青年影星出演电视剧。1971 年凭借《我是男人！》迅速走红。1992 年改行做国会议员。现任丽泽大学客座教授，并复归演艺圈，积极参与各种活动。著有《家庭力量》一书。

紧要关头

【内海清美】

刚开始制作雕塑作品的时候，我总是先给偶人的衣裳涂上色彩和花纹，但这样一来，就无法体现和纸的质地。洁白的和纸有无限的创作空间。我们应该如何运用和纸来表现白色的立体世界。这一直是我研究的课题。

我在制作雕塑作品时，脑海中一片澄澈，什么都不想，只是埋头工作。所谓完成的作品其实就是一种偶然间灵感所致产生的结果。

至于大家对我创作出的偶人有什么观感，只能是仁者见仁，智者见智。有的偶人有眼睛而没有瞳孔，有的偶人面无表情，这样一来，欣赏者便可以自由地把自己的感情倾注在偶人中了。

今后，我想创作日本神话题材的作品。到底什么是日本人？作为一个日本人，我想通过对历史的追溯进行一些思考。

"正念场"是我对作品创作的一种态度。我每天进行创作时，心里都有这样的念头：假如今天是自己生命的紧要关头。

145

【娄正纲】

内海先生的作品用和纸制作而成。和纸的作品分量不重，但放到掌心却让人感受到其中的"分量"。偶人各不相同，如偶人的表情、偶人的服饰感觉以及颜色搭配等等都富于变化。简直太精美了！我被这样的作品而深深打动。"正念场"是一种状态，无我，充满激情和创作欲望。内海先生把艺术视作自己的生命，对他而言，活着的每一天都是他生命的紧要关头。

内海清美

和纸雕塑家。1937 年出生于东京都。1965 年毕业于东京艺术大学美术系。1978 年在世界工艺会议日本工艺竞赛中获奖。之后，一直活跃在和纸雕塑领域。《观·平家》和《密·空与海》等以"物语"为题材的空间作品引起很大反响。2003 年在东京都多摩市完成了作品《内海清美·源氏物语馆》。

无
尽
藏

【山本容子】

　　在我大学的操作间里摆放着一台与五百年前一模一样的铜版画刻印机。操作时，先在铜板上刻出一毫米左右的槽，然后往槽里填墨水，再通过刻印机加压，最后就能印出漂亮的线条来。看到这样的操作过程，我当时就下决心将来要从事这方面的工作。这就是我开始铜版画创作的动机。

　　然而，这样的工作充满了艰辛。我是到了 36 岁才买的空调，之前，我的生活中一直缺少空调。那时，就算有钱买空调，我也会优先用来买纸张。当时，我自己也不羡慕别人，一直是穷开心。

　　我觉得，人重要的是：趁着年轻多体验一下自己所身处的时代。当现在重读二十几岁读过的书，或重走以前去过的地方时，我都能遇到从前的自己。

　　"无尽藏"是佛教用语，意思是"装有无穷尽物品的仓库"。虽然是我的奢望，但我还是希望自己的才华能变成那样的库房，取之不尽。

【娄正纲】

　　山本女士的作品既大胆又细腻，充分展现了她一种"游戏"的心境。她的座右铭是"无尽藏"。"无"是我喜欢书写的文字之一。过去，人们常常提到"装有无穷尽物品的仓库"。"无尽藏"，其实是心灵的力量，境界，与人生感悟。艺术家必须时常让自己保持兴奋的创作状态。山本女士心里就有这样的库房，里面装满了无穷无尽的游戏与好奇。

山本容子

铜版画家。1952年出生于埼玉县。1978年毕业于京都市立艺术大学。凭借拔群的架构能力和色彩使用上的印象派特点奠定了自己的铜版画风格。代表作有《岚山》、*Good Bye* 等。近期发表的作品有《那人来了》、《奥德特》等，著作等身。

体验是宝

【三宅辉乃】

我一年三百六十五天，天天都穿和服。如果你掌握了穿和服不走样、不难受的窍门，和服穿起来甚至比西装还轻松。我就曾经穿着和服登上过埃及的金字塔和雅典的巴台农神殿。

对和服文化，我有一种使命感，就是决不能让它断送在我们这一代人手中。所以，现在我全国各地跑，以推广和服文化。且不说刺绣、印染和织布具有超一流的技术水准，单说描绘着四季风情的衣装，除了和服之外，世界上恐怕也是独一无二的吧。因此，我希望尽可能多的人来穿和服，哪怕是多一个人穿着也好。和服穿在身上，肌肤触摸，带给我们美妙的感受。

之前，我是通过和服走上了世界的大舞台。而我的今天则得益于许多有缘人的帮助。

痛苦也好，快乐也罢，所有的一切都是对自己必要的历练。只有克服了这一切，我们才会拥有光明的未来。因此，无论自己体验到什么，我都愿意把它当作人生之宝。

151

对我而言，每一天就是在为书画创作做贡献。以前还真没怎么想过要做其他方面的体验。但当我听到三宅先生说"与人结缘是一种财富"时，我开始有了这方面的想法，觉得多体验是一件好事。不错，"体验是宝"。我要积极面对每天发生的事情。心灵成长的阶梯，是由各种体验砌成的。世事如风过疏林，一切都会远去，留下的是心灵的体验。在书写"体验是宝"（日语为"体験は宝なり"）时，我觉察到了自己内心的微妙变化。

三宅辉乃　和服研究专家。出生于京都府。创造性地提出了适合现代日本女性的和服穿着法。在电视台和舞台等场合专门负责女演员和嘉宾的服装。每年都受日本外务省邀请，在国外举办日本民族服装表演，推介和服的传统与文化。1992 年受到外务大臣表彰。

贮钱于天

【村上和雄】

　　假如有这么一个糖尿病患者，他如果来大学听讲座血糖值就会升高，而看漫画书血糖值就会下降。开怀大笑、喜悦、快乐，这类乐观情感左右阳性基因，悲观的情感支配阴性基因。

　　当然，人不可能总遇上开心的事情，遇到痛不欲生的难事时，我们要这么想，自己好好活着不是就很赚吗？自从三十八亿年前人类的基因诞生以来，人类就一直生生不息，繁衍至今，简直太神奇了。与之相比，我们的输与赢都没有超出生命基因的误差范围。

　　事实上，我们人类使用的 DNA 只占总数的 3%。如果能够唤醒那些沉睡的 DNA，我们人类发展的潜力还很大。

　　把钱存在天上的话，当我们真正需要钱的时候，钱就会掉到我们手上。小时候，我的父母总是这样告诉我们。因此，平时我们一定要多做善事。

【娄正纲】

　　这是一个形成我们人类基因的世界，人类正在通过研究一点点地破解这个未知的课题。埋头于此项研究的村上先生是一个独特的人，他经典的语录有"基因不会老"、"活着不是就很赚吗"等。村上先生的座右铭是"存钱于天空"。中国有个词叫"福田"，行善积德，就是积累自己的福田，也就贮钱于天。我要让自己过一种充实、阳光的日子，每天都有感动，慈悲心，就像把钱存在天上一样。

村上和雄

筑波大学名誉教授。1936年出生于奈良县。1958年毕业于京都大学农学系，1963年在该大学研究生院博士课程肄业。1978年任该大学教授。是从事基因工程研究的世界顶尖科学家之一。1983年首次成功破译了全部肾素的基因密码。著有《生命密码》、《基因支撑着生存》、《没错！绝对顺利！》等著作。

156

至福

【梅泽山香里】

小学一年级的时候，我上了一个围棋课外学习班，但却无法独自解答学习班留下的问题。解答不出来，当然心里很懊丧，但却因此激发了我争强好胜的心气。等看到答案的时候，我就后悔当时自己为什么不这样下。

下围棋的这些人，下得好的话11岁就可以晋升职业棋手。我是属于大器晚成的棋手，22岁才获得晋升。至于是我自己想当职业棋手还是为了取悦父亲，其实当时我自己也不清楚。但当父亲去世后，我终于认识到自己的人生只能由自己来决定。所以，当我通过职业棋手的晋升考试时，心里着实高兴了好一阵子。

围棋是一种有头有尾上演的电视连续剧，我们通过胜与负与对手进行交流。有人将围棋比作奥妙高深的宇宙，说的一点都不错。我觉得自己的棋力还能增强，希望从现在起努力向着更高的目标迈进。

【娄正纲】

　　围棋是智者的游戏。棋盘棋路方正，象征宇宙时空。圆形棋子象征万事万物。棋子黑白，象征阴阳。空棋盘落下棋子，象征无中生有。简单的规则，却生发出无限的可能；极简单的规律，创造出繁复的事物。围棋也是一种战略战术的修养。围棋高手考虑事物都会宏观，大处着眼，小处着手。明节奏，知退让，能取势造势，通天下大势。"至福"一词，内含智者的淡定与自信。会心感悟中写下了这两个字，一气呵成。

梅泽由香里

围棋职业棋手。1975 年出生于东京都。1996 年毕业于庆应义塾大学环境信息系。小学一年级时，听从父亲的安排，开始学习围棋。1996 年晋升职业棋手，2002 年升为职业五段。曾在《围棋时间》和《围棋名人战转播》等电视节目担任解说员。2005 年担任国际围棋联盟理事，是日本担任该要职的首位女棋手。

风姿花传

【天野几雄】

　　我是东京奥林匹克结束后的第三年进入资生堂宣传部工作的，当时正处于广告业蓄势待发的时代。

　　当初我选择去资生堂工作的目的，就是想通过广告来打造女性美，即通过那些散发着浓郁时代气息的美丽女性，来创作反映时代的艺术。

　　美丽的女性有一个共同的特点，就是能够很好地把握住自己。娄女士正是这样一位美丽的女性。她的书法很有魅力，魅力在于即兴、无法涂改、一气呵成以及全神贯注的表达力。

　　我很喜欢与人交往，与人交谈能给我带来创作的巨大能量。广告传递的是商品的"灵魂"，做广告工作就是以简单明了和吸引人的方式让受众关注商品的"灵魂"。

　　一朵奇葩，谁看了都会获得一种深深的美感，世阿弥创立的"能"美学和哲学就如同"奇葩"一样让人获得美感，并流传至今。我也希望自己的作品能够像世阿弥的"能"一样，牢牢抓住时代的脉搏和商品的"灵魂"，做一朵常开不败的"奇葩"。

天野先生的话很深刻。他说美丽的女性都能把握自己，其实只有灵性觉醒的人才可以做到，否则会随着世事随波逐流。中国有一个词叫作"学养"，学问养人。内在的强大清澈，泛于外表，即是风韵姿仪。美丽的女性都是花，风姿必美。天野先生的谈话中还有一个非常有趣的词语，"年轮之力"。积年的功力，一生必是"风姿花传"。

天野几雄　美术指导、美术印刷设计师。1940 年出生。1965 年毕业于东京艺术大学。1966 年进入资生堂股份公司工作。资生堂产品的大量广告美术指导和设计均出自他的手笔，拥有很高的知名度。他获奖无数，具有代表性的奖项有 ADC 奖、广告电通奖、戛纳广告电影节金奖、日本杂志广告金奖和 ACC 优秀作品奖等。作品被收藏在慕尼黑市立美术馆、三得利博物馆（天保山）等处。

一生青春

【坂田藤十郎】

人们常说："江户（东京旧称）的武戏，上方（旧称京都及其周近地区）的文戏。"江户歌舞伎的艺术风格以表演威武勇敢的武士类见长，而上方歌舞伎的风格则以表演情意绵绵的恋爱类见长。其中，奠定上方歌舞伎基础的是净琉璃和歌舞伎的剧作者近松左卫门以及演员坂田藤十郎。

大约是从二十多年前开始，我就有承袭坂田藤十郎艺名的打算。因为作为上方歌舞伎的继承人，我们一直就有这么一个心愿，希望大家能够知道我们祖师爷的名号。

时隔二百三十一年，重新承袭坂田藤十郎的艺名，意味着继承上方歌舞伎的艺术风格。因此，我觉得承袭艺名也同时标志着上方歌舞伎艺术的诞生。

我演戏特别投入，演戏的时候是我最开心、最愉快的时刻。所以要是真有来生，我还想当歌舞伎演员。

青春就是点燃心中的希望，朝向自己的终极目标，这也是我所希望的人生。

163

【娄正纲】

坂田藤十郎先生从艺逾六十年，长期活跃在歌舞伎舞台上。他在恪守传统的基础上，开辟出一个崭新的艺术世界。陈独秀曾说过，"戏园者，实普天下人之大学堂也；优伶者，实普天下人之大教师也。"传统戏曲弘扬正气，历来承载着社会的教化任务。坂田先生点燃心中希望，朝着自己的人生目标不停奔跑，他的座右铭是"一生青春"。我在书写这几个字时，脑中浮现了圆的意象。圆就是圈中什么都没有，可以任意描画的中空。超越时间流传至今的歌舞伎精神让我自然而然想到了圆。

坂田藤十郎

歌舞伎演员、人间国宝、非物质文化遗产传承人。1931年出生于京都府。父亲是第二代传承人中村鴈治郎。9岁时登台表演，承袭第二代传承人艺名"中村扇雀"。1953年，父子一起在剧目《曽根崎心中》中演出。1981年成立"近松座"剧团。1990年承袭第三代传承人艺名"中村鴈治郎"。2005年，时隔二百三十一年重新承袭艺名"坂田藤十郎"，屋名也由"成驹屋"改为"山城屋"。

165

一代一职

【奥山峰石】

我初中毕业后，为生活所迫，通过集体招工的方式来到东京工作。当时，接受我们的是一位锻造工匠，我的锻造生涯就是这样开始的。

工匠的工作就是接受订单并打造出让顾客满意的产品。所谓的锻造家就是肩负全部责任锻造令自己满意的产品，同时还必须达到顾客满意的水准。

我干这行已经有五十多年。说实话，我还真不知道为什么要选我当非物质文化遗产传承人。我能在这一行干这么长时间，恐怕是因为我当学徒时就一直很笨的缘故。笨，就得比别人多花时间，就得让自己多努力一点。我觉得，自己就是在这种状态下工作，并一直坚持到今天的。

一辈子能做好一件工作我就很知足。一辈子做这做那，还不如就坚持做一件事。通常我们缺少的不就是这样一份坚持吗？

【娄正纲】

　　我非常喜欢"一代一职"这样的说法。一种职业要做上数十年，没有坚强的毅力是办不到的，而这种精神也与日本的国情有关。明治维新之前的社会制度，一直是士农工商，各行其道。四个阶层都是世袭制。所以工匠的手艺，世代相传，一生只做一件工作。所以日本的手工制品，大都精致绝伦。奥山先生说因为笨所以必须比别人勤奋才行，真是谦虚的说法。他的想法其实很简单，就是用一生把一种工作做好。他通过日积月累踏踏实实地工作实践了这句话，真是了不起。

奥山峰石

锻造家、人间国宝、非物质文化遗产传承人。1937 年出生于山形县。锻造是指这样一门技术，即首先把在高温作用下变成薄长状的银器等取出，放到"衬铁"上。然后，用木槌和铁锤等把它敲打成型。奥山先生是著名的锻造能手，它能把很难锻造的朦银打造成器皿。据说，他有时会为锻造一件作品花费数月的时间。1995 年被认定为非物质文化遗产传承人。

灵魂啊，赐我以力量吧

【市川森一】

小时候，我家门前有一家电影院，我几乎每天都进去看电影。当时的社会，人们脑海中觉得"小学生看什么电影啊"，家长都不让自己的孩子去看电影。于是，我就把看过的电影画成漫画逗小伙伴们开心。久而久之，我就有了将来要当一名剧作家的想法。还真是环境塑造人啊！

当剧作家是不用执照的，但是你的作品必须卖得出去，否则就是喊破嗓子自称剧作家，也没人买你的账。通常，电视台的人不会接他们理解不了的本子，所以剧作家必须拿出超过他们预期的作品。为了自己喜欢的工作而奋斗，得一知己足矣。从长远的角度思考，知己的作用远远超过事业上的成功与失败。

"灵魂啊，赐我以力量吧！"出自《圣经外传》。这是我特别喜欢的一句话。我经常把它作为鼓励的话语送给我要看望的朋友和友人。

【娄正纲】

以前，我创造过一组作品，题材是《生命与爱》。当时，我就曾经书写过象征灵魂的东西。灵魂在世间流转，永远不灭。自性本自圆满自足，多关注自身，觉醒自己的灵性，可以激发无限的创造力。我在书写市川先生摘自《圣经外传》的这句座右铭时，感觉自己的灵魂似乎要飞走，飘飘然。在这种状态下，我用浑厚之力书写了"元気"和"出せ"这两个词。

市川森一

剧作家。1941 年出生于长崎县。毕业于日本大学艺术系。代表作有《山河燃烧》、《花之乱》。其他作品有《伤痕累累的天使》、《孤独的不单是你一个人》等。曾获得第一届向田邦子奖、文部大臣特别艺术嘉奖、NHK 广播电视文化奖等。还被授予过紫绶褒章。任日本广播电视作家协会理事、长崎历史文化博物馆名誉馆长等职。

温故知新

【吉冈幸雄】

　　江户之前，我们的先人是从植物的根茎和花瓣中提取染料进行染色的，而且从植物中可提炼的颜色种类比大家想象的要多得多。

　　为了进一步稳定通过染料进入布和丝之中的色素，我们要使用灰等进行媒染作业。但是，由于每天着色的浓度都只有一点点，所以要完成作品，我们要反反复复进行染色和媒染。

　　现在，确实开发了数量繁多的颜色，但在我们这些按照传统手法染色的匠人眼里，这些开发根本没有什么深度。能够轻易地制作出来，或许就意味着能够轻易地对颜色进行表达吧。

　　对我而言，色卡必须是来自自然界的色彩。所以，我要尽可能地观赏美丽的景色，提炼出不逊于大自然的色彩。

　　我们的工作是忠实地继承一千二百年、一千三百年前匠人的传统工艺。这些传统工艺中凝聚了先人的智慧，令我们在工作中常常有造访先人之感。

【娄正纲】

"温故知新"作为座右铭很适合吉冈先生。他忠诚地守护着一千多年前匠人们留下来的工作，并年复一年地保留着传统做法。很巧，传统的"统"字，也跟丝线有关。"统"字是一把丝线的开始部分。从头向下捋丝线，就叫"传统"。快速大量生产的现代化学颜料总有许多不足的地方，而古代的植物矿物等天然颜料却有更多的优点。文化，就是这样一代代薪火相传，延续下去。若问去路，必知来路。知新，更要温故，传承古人的智慧。

吉冈幸雄

染色史专家。1945 年出生于京都府。1971 年毕业于早稻田大学文学系。他的故乡有父亲的染坊，是江户时代留下来的产业。1988 年接手第五代印染巨匠吉冈的事业，成为古代染色第一人。使用紫草和蓝靛等天然染料再现天平时代保存于药师寺等处的服装色泽。著有《名品裂帖》、《日本的颜色词典》和《颜色的历史手帖》等著作。

174

初心

【 工藤公康 】

　　加盟球队的第三年，我留学美国学习棒球的经历成为我人生的转折点。日本的球员是一年签一次约，而美国的球员是哪天不行哪天走人，所以他们平时都很卖力气。那些想成为美国一流棒球队球员的眼中都燃烧着旺盛的斗志，他们的敬业精神让我意识到自己的差距。于是，留学结束后，无论是比赛还是训练，我都尽可能做到一丝不苟，集中精力去完成。

　　通过棒球我学会了与人寒暄和待人的礼节等，体育运动有着重要的教育作用。因此，在家里我经常要求孩子们去进行体育运动。

　　我一直相信怀抱希望并努力去做就能实现梦想。我希望全国的棒球少年为实现自己的梦想而努力。现在我已是棒球界最年长的球员，正因为如此，我才认识到初衷的重要性，今后，我依然要为自己的"初心"而努力。

【 娄正纲 】

当初的志向是努力做到最好。今天，工藤先生依然坚持着自己的"初心"，斗志没有被时间消磨。工藤先生目前已成为日本棒球界最年长的球员了，但他说自己一直没有忘记刚进入第一支球队时的愉快心情，这点我特别能理解。想到这里，我突然来了灵感，产生了一个大胆的构思，用"心"字来表现投球，正中间的圆圈是棒球，左侧是准备投掷快球的胳膊。我试图通过这一构图来寓意初心不改、坚持投球的工藤先生。

工藤公康

东京读卖巨人队投手。1963 年出生于爱知县。1982 年毕业于名古屋电力高中。1981 年出征夏季甲子园联赛，实现棒球的无安打和无得分记录。1982 年加盟西武，成为全日本贡献率最大的投手。1994 年转会大荣队，仍然保持着日本第一的贡献率，成为棒球太平洋联盟身价最高的球员（第二次）。1999 年转会巨人队。截止 2004 年，一共帮助球队获得过二百场比赛的胜利。

行百里者半九十

【千住明】

我基本把所有乐器学了个遍,上初中时,一个人完成了多声部的音乐录制。当时,我偏爱爵士和摇滚,而不是古典音乐。但我当时想,如果将来要成为一个真正的职业音乐人,就必须先通过古典音乐这一关。于是,我中途退学,以破釜沉舟的勇气投考了艺术大学。

那时,我找了一份垃圾清扫的临时工,工作不熟练,肚子也填不饱。当时在一起工作的一位大叔特别照顾我,这种关照之情一直温暖着我,至今仍激励着我的音乐创作。有听众,音乐才会有生命。从那时起,我就下决心,不管自己今后创作怎样的乐曲,都想着是给这位大叔来听的。

我父亲经常拿"行百里者半九十"来告诫我们兄弟姐妹,提醒我们做事不要泄气。作为一个作曲家,我经常把现在作为起点,挖掘自己音乐创作的源泉。

【娄正纲】

"行百里者半九十"最早出自中国的战国时代，意思是走一百里路，走了九十里才算是一半。比喻做事愈接近成功愈要认真对待，要坚定信念，不能放弃目标。作为一个艺术家必须经常这样告诫自己。只有觉得自己做得还不够，我们才会努力，才能成长。我完全理解千住先生的"现在就是起点"的想法，我特意将座右铭中的"行"字写得很长，用来比喻千住先生今后要走的路。

千住明

作曲家。1960年出生于东京都。东京艺术大学音乐系毕业，并以第一名的成绩从该大学研究生院肄业。他肄业时提交的作品 *EDEN* 成为该大学美术馆（艺术资料馆）的永久收藏曲目。曾担任过电影《回黄泉》、电视剧《真品》和《砂器》等的音乐制作。音乐作品创作颇丰，所获奖项众多，曾三次获得日本电影协会最佳音乐金奖。

染

从江户末期到明治，碎花工艺越来越精细，精细得远看甚至分辨不出衣服上的碎花。重视格式的武士们互相攀比制作衣服上的碎花花纹，到最后，制作的纹路越来越细，差不多都看不到花纹了。这就是武士的精神追求，这种追求促进了碎花工艺的进步。

影响江户碎花制作优劣的因素是染和模板。印染师傅把模板师傅刻在模板上的诚意和努力变为衣服上的碎花。在东京大空难时，我们的作坊和房子被毁，但江户时代传下来的模板纸一直保存完好。晚上睡觉时，我把父亲留给我的模板放到枕边，一响空袭警报，拿起模板就往防空洞跑。对我而言，这块模板就像是我一位灵魂上的师傅。

小学六年级时，父亲把我叫到他的染坊，教我如何使用刮刀。我的染布技术就是父亲一点点给锤炼出来的，我之所以有今天，首先得感谢父亲。印染是我赖以生存之道。

【娄正纲】

　　"染"字概括了小宫先生的一生。传统精致的纹样与精益求精的精神，不仅印染在布料上，更是从小就印染在小宫先生的心里。从他身上，我感受到一个手艺人守护传统工艺的决心和恒心。我决定通过书法体现他的人生，让大家通过书法想到江户时期的碎花图案。于是，我提起吸足墨汁的毛笔，通过滴落的细小墨点来书写形同碎花的"染"字。

小宫康孝

江户碎花工艺制作人、人间国宝、非物质文化遗产传承人。1924 年出生于东京都。小学六年级时进入父亲的康助染坊当学徒，小学毕业后从事祖传的江户碎花工艺。1961 年继承父业，致力于传统模板纸的收存和传统碎花花纹的复原。同时，为培养伊势模板的工艺制作人而倾注了大量心血。1978 年被认定为非物质文化遗产传承人。

难得糊涂

【山形广】

直至今日，绘画依然是我的最爱，它让我沉醉其中并全然没有疲惫的感觉。在用丝网漏印技法进行多色印刷时，我看到色彩不断叠加，直到让自己满意，那种感觉真好。

我性格单纯开朗，加上搬家到加利福尼亚时受周围环境影响，我的绘画风格也跟着明快起来。为了描绘加利福尼亚蔚蓝的天空，我专门开发了一种以我的名字命名的颜色——"山形蓝"。但如果现在我还在当初留学的巴黎，我的绘画色彩恐怕只会变得更加朴素。

人们通常会高度评价那些既成的东西，但对我而言，与自己的创作成果相比，我更关心一些别的问题，比如，自己平时的感受啦，我们应该如何生活啦。我发现谈论艺术观点或思想，会越谈越无聊，最后还会让自己陷入一种框框。一切到最后该怎样还是怎样，所以，我要追求一种自由自在的生活。

　　山形先生说他自己性格单纯开朗，对事情不愿意过多的思考，活得很散淡。仅凭他这么说，你兴许会以为他是一个得过且过的人，但事实并非如此。因为，艺术家只有心灵纯洁，才能听任内心的冲动并投入到作品的创作之中。而且，我认为，山形先生的作品有一种自由与豁然，这与他坚实的绘画基础是密不可分的。这种豁然，在于一种达观的心态。修心的路上，不要刻意界定某种程式，随心随性，重在感受。个中滋味，如佛祖捻花，妙，不可言。

山形广

艺术家。1948年出生于滋贺县。1972年赴法国，1978年转到美国洛杉矶发展。使用版画丝网漏印技法绘画并一举成名。由于为洛杉矶奥运会、首尔奥运会以及长野奥运会制作政府海报，而广为人知。2000年被任命为美国格莱美优秀唱片大奖艺术家。

以自信战胜逆境

【武田修宏】

我参加了1993年世界杯多哈足球预选赛，虽然关于那次比赛有各种各样的传言，但对我来说，能站到赛场上就是一种骄傲，是一生的财富。因没能参加世界杯，我一直坚持到34岁才退役。与此同时，日本引进的足球J联赛机制也促进了日本足球运动的发展。四年后出征世界杯赛以及日本举办世界杯赛事，这一切都意味着历史正一点点地发生着改变。

现在，我正在学习如何带一支球队。在退役时的记者招待会上，我曾经说过要重新回到赛场上，我要对自己的话负责，兑现自己的诺言，希望不久的将来，我以教练的身份重新回到赛场。

"以自信战胜逆境"是一位高中老师给我的赠言。说的是，如果一个人奋勇前行并在逆境时跨越过去，他就会拥有巨大的能量。我要时刻牢记老师的话，永远朝着自己的人生目标走去。

明富を持って
道徳に残て

【娄正纲】

　　足球是世界范围的体育运动，即便言语不通，我们也可以通过踢球沟通感情。我觉得足球蕴涵着优秀的文化，艺术也如此。"以自信战胜逆境"作为座右铭，特别适合因赛事输赢而始终神经紧绷的武田教练。逆境如曲线的低谷，总会反弹上升。而自信就如风帆，可以更快速有力地穿越逆境海洋。总是对逆境耿耿于怀，人生会像花朵般逐渐枯萎。所以，我把"逆"字写得略小了些。

武田修宏

足球解说员。1967 年出生于静冈县。1986 年毕业于清水东高中。从小学一年级开始踢足球，曾代表各种机构参赛。1987 年转成职业球员。自参加日本足球 J 联赛以来，先后在威尔第川崎（现为东京威尔第 1969）、磐田喜悦和市原杰夫等球队打球。2001 年退役。在足球 J 联赛中，踢球得分共计 94 分。

189

我参与，故我在

【松井孝典】

从宇宙的视角来看，地球是一个特别的行星，还是宇宙中众多星星中的一颗，这个问题就是比较行星学。

我们在地球上生活的人类如同井底之蛙，很难站在整个宇宙的高度看问题。如果我们能从太阳系、银河系乃至宇宙的角度去研究地球、生命和文明，就会得出完全不同的观点。假如我们现在就掌握一种超能量，可以随意驱动地球上的一切。比如，把物体循环的速度提高十万倍，地球需要用十万年完成的变化，人类可以用一年来完成。物体循环的速度即是地球资源和环境问题的本质。

笛卡尔说过："我思故我在"。我觉得，人只有与外界发生联系，才能产生"我"的概念，才能产生属于自己的内部世界。进入现代社会，我们开始认识宇宙。我的基本立场是：要尽可能拓宽自己的参与领域。

我いよいよ我に与すり

【娄正纲】

"我参与故我在",包含着很深的哲理。如一颗种子,没有土壤与水,不会觉醒也不会成长。而环境的不同,成长的结果也不会一样。所以我们要拓展视野,掌握更多更新的资料来学习。从事比较行星学研究的松井先生是一位具有宇宙般宏大视野的人。他审视着宇宙的过去、现在和将来,令人感觉出他的宏大。我突然觉得,怀抱各种问题的我们这些地球人正在广袤无际的宇宙间徘徊。想到这儿,我在作品的正中按下了红红的印章,希望宇宙能把更多的光明赐予我们地球。

松井孝典

东京大学研究生院教授。1946年出生在静冈县。东京大学理学系毕业,研究生院博士课程肄业。先后担任NASA月球行星科学研究所特聘研究员、东京大学助教、副教授和教授。1986年在英国科学杂志上刊载的"水星理论"引起各方关注。著有《作为宇宙人的活法》等著作。

一心一意

【斋藤明】

我 16 岁（1935 年）时进入父亲的作坊当学徒，学习铸造。通常掌握铸造技术至少需要十年，但我只花了三年时间。因为我父亲英年早逝，49 岁就离开了我们。我作为长子不得不继承父亲的作坊，并肩负起照顾年幼弟弟们的责任。为了生计，我经常通宵达旦地工作。

铸造工艺有一百多道工序。与镂金与锻造不同的是，必须把土熬炼好，否则就做不出铸模。因此，亲近泥土是工作中的重要环节。

完成浇铸之后是解除铸模，铸模解除之后便可以看到铸造的器物。这时，铸造的成功与否就一目了然了。解除铸模就跟做陶瓷工艺师看到自己的陶瓷出炉一样，如果真的做出一个好的作品，心中的喜悦是无法用语言来表达的。

算起来，我从事铸造工艺已经有七十多年了。我也有过痛苦，对自己的职业产生过不安全感。但现在这一切都过去了，铸造是我生活的一切。

【娄正纲】

多少欢乐和惆怅皆遗落在岁月的长河里。斋藤先生几十年如一日，铸造了一件件的工艺品，其艰辛难以言喻。人们常说，坚持就是力量。但"坚持"很难，并不是常人能够做到的。想到克服重重困难一直走到今天的斋藤先生，我试着用浓重的笔墨表示其坚强的意志。"铸造就是我生活的一切"，斋藤先生掷地有声的话语像一串美丽的音符，至今还让我回味。

斋藤明

铸造专家、人间国宝、非物质文化遗产传承人。1920 年出生于东京都。师从其父镜明及非物质文化遗产传承人高村丰周先生，在他们的指导下学习并掌握了金属的铸造技术。金属铸造的技法是：把熔融的金属倒进磨具并制作成金属工艺品的一种方法。斋藤先生一心一意搞器物铸造，作品造型中融入现代美学。1993 年被认定为非物质文化遗产传承人。

一日不可闲过

【中村紘子】

好的环境加上一位好老师，再加上他本身所具有的天赋，一个人完全可以在 10 岁的时候出道，并成为钢琴家。所以，我建议音乐教育应该从小开始。

我不知道对一个练钢琴的人而言是幸还是不幸，钢琴中有很多名曲、大曲和难曲，即便用毕生时间去弹也不一定能弹好。但同时，也有很多能让我们饶有兴趣的曲目。练钢琴一定要练到用身体记住乐谱，不然就无法在公众面前演奏，只能当一辈子的钢琴考生而登不了大雅之堂。

我一有时间就会去游泳或到体育馆参加体育锻炼。这不仅仅是为了重新振作，还有预防受伤的目的。据说，有一个体育教练说过这样的话：钢琴家出问题的地方和棒球投手相同。钢琴家在演奏钢琴时会调动肌肉，而在调动的同时会给身体各个部分带来压力。

对一个有志于音乐的人而言，重要的是练耳力，让自己的耳朵能够分别出好的声音。练耳力最好的方法就是从小尽可能多地到现场去听听好的音乐会。

【娄正纲】

　　我与中村先生很熟稔。她说她奉行无座右铭主义，不得已，我根据她平日的言行，想了一句作为给她的赠言。这便是"一日不可闲过"的由来。中村先生平日从不放松自己，工作埋头苦干，勤奋踏实。她经常挂在嘴边的一句话是：弹琴不弹到让身体记住乐谱就不能通过。这句话是她真实人生的写照。

中村紘子

钢琴家。出生于山梨县。早年就是日本著名的天才少女。环球一周的"N响"公演，使她作为独奏家登上华丽的演艺舞台。她是首位在肖邦竞赛中获奖的日本人，荣获最年少奖。中村是日本钢琴家的杰出代表，在国内外参加过三千五百余场的演奏会，以精湛的钢琴演奏技艺征服了现场观众。

一箭中红心

【 红心　小堀宗庆 】

通常，人们把小堀远州的茶道称为"美丽的雅寂"，它把和歌的歌魂与利休先生倡导的禅心合二为一。

远州先生堪称为一位综合艺术家，在他六十九年的人生中，他做了大量工作，涉及建筑、庭院、书法和插花等诸多方面，其涉猎之广令人叹为观止。他认为自己的工作就是向众人传播茶道的精神，其他一切都是围绕这一中心而进行的。

说到茶道，或许有人会有这样的印象，就是坐在装潢气派的房子里，遵循繁难的礼仪沏茶倒茶。然而，茶道最根本的目的是实现人与人心灵的相通。在日本，"道"以及与"道"有关的一切都是围绕着"心"进行。因此，我努力的目标就是通过茶道让人与人之间和睦相处，每天都过得充实、开心。

"一箭中红心"意思是一箭射穿靶心上的红点的意思，但要达到这样的目标还需要付出艰苦的努力。为了追求茶道的最高境界，我每天都不敢有丝毫的懈怠，我就是怀抱这样的信念度过每一天的。

【娄正纲】

　　小堀远州先生不愧是一位综合艺术远州茶道的本家，不仅书法娴熟，而且茶室的摆花艺术也堪称一绝。他给我的印象是：在艺术和技艺上均有深厚的造诣，精通与茶道有关的一切。他说：茶道做到极致便是原点，茶道的精髓是人与人心灵的相通。习术以观道，一切技艺都是道的承载与生发。"一箭中红心"的红心，就是道心、原点。他真是一个杰出的人物，这句话也表示着小堀远州先生境界的高深。我对"一箭中红心"这句话深有同感，一定坚持每天学习。

红心　小堀宗庆

远州茶道本家。1923 年出生于东京都。"二战"时被作为学生兵派往战场，日本战败后曾被扣押在西伯利亚劳役四年，之后回国。1950 年承袭艺名宗庆。1962 年继承远州流茶道，成为第十三代掌门人。他涉猎广泛，积极各种从事艺术和工艺活动。他对丝缎装裱颇有研究，他的茶室插花艺术也堪称当代一绝。2001 年成为远州茶道本家。

闲心远目

【藤田六郎兵卫】

　　我不希望大家用一种异样的眼光去看待我们这些传统艺术的表演者。受祖父的劝说和影响，高中和大学，我上的都是声乐专业。毕业后出演音乐剧的经历让我学到了很多东西。通常情况下，演出"能"没有排演，多数情况是演出前大家碰碰面，再碰面就是正式演出了。"能"的表演需要百分之百的专业体系，没有导演、灯光，也没有音响和舞美设计。我的音乐剧演出的经历为我考虑乐器的演奏和制作提供了很多新的想法。

　　"能"是通过舞台来表演声音和动作，它不是通过乐器来演绎喜怒哀乐，而是要尽可能地在演奏中控制感情的抒发。这样，观众在欣赏的时候就要凭借自己以往的经验，调动全身心去感悟、感知。从某种意义上说，"能"的乐器演奏是一种非常自由的境界。

　　我们无法看清楚完整的自己。"闲心远目"是一个非常妙的词语，说的是：我们要静下心来，把目光置身于我们的身体之外，远远地凝视着自我。

【娄正纲】

　　藤田六郎兵卫先生的笛声打破周围的寂静，激荡人的心灵。虽说在"能"的舞台上演奏乐器要做到感情内敛，但闭目静听，高亢的笛音还是钻进了我的耳朵。藤田先生的座右铭是"闲心远目"，作为一个艺术家，重要的是能够时常以客观的心态审视自己，反观自我。这是一个很难达到的境界，需要极其清澈和松弛闲淡的心境方可达到。

藤田六郎兵卫

能乐笛藤田流第十一代掌门人。1953 年出生于爱知县。1973 年毕业于名古屋音乐两年制大学声乐专业。4 岁跟随养父（祖父）第十代掌门人学习吹笛子，为将来接任掌门人做准备。年满 5 岁（1958 年）即登台演出。1980 年第十代掌门人去世后继位，成为第十一代掌门人。1982 年承继宗祧名号"六郎兵卫"。1991 年成为重要的非物质文化遗产综合指定持有人。1997 年担任能乐协会理事。

艺

【和田惠美】

　　我开始做这项工作完全是我丈夫（和田勉先生）的主意，由于服装设计和舞台布景没有预算了而请我去做。当年我才 20 岁，大学学的专业是油画，完全没有学过服装设计。

　　我只是喜欢看电影和舞台表演，所以脑子里经常产生一些想法，如果自己做的话，这个服装和舞台布景应该怎样怎样……至今为止，我一共制作了五万多套服装。我认为，设计师的才能与能否构建自己的世界是密不可分的。

　　我在制作黑泽明的电影《乱》的服装时，为控制成本，曾经一家家地跑衣料店。从丝线的挑选到印染全部由自己决定，最后完成了一千五百件电影服装的制作。今天的日本电影和电视恐怕是很难做到这个程度的。

　　在电影《英雄》的外景地，有人送我一幅漂亮的"艺"字。我经常以此鞭策自己，希望自己的技艺精益求精。

和田女士的心灵如同她创造的服装一样华美。令人炫目的颜色搭配烘托了电影的一个个故事情节。尽管她为舞台和电影亲手制作的演出服已累计五万套以上，但她还说要从零开始，这就是她光彩照人之处。通常，人们在取得了她那样的成就，往往会变得夸夸其谈。然而，和田女士的人生是对"艺"的孜孜以求，我以书法来体现她生命和艺术的活力。

和田惠美

1937 年出生于京都府。1959 年毕业于京都市立美术大学（现京都市立艺术大学）。大学时代开始就搞舞台布景和服装设计，从电影《马可》开始担任电影的服装设计。为黑泽明导演的电影《乱》制作了一千五百件服装，荣获 1985 年美国电影界奥斯卡最佳服装设计金像奖。

坚持就是力量

【秋元康】

虽说我从事的工作种类繁多，但总想着"要是有这样一部作品多好啊"，并以这一出发点来进行创作企划，对我而言，无论做什么工作创作的出发点都是一样的。我好奇心旺盛，什么都想去试一试。只不过，深思熟虑的是以什么为媒介的问题。

我在写词的时候，考虑的是那些反映时代的歌由歌唱者来演绎，究竟要传达给听众什么样的信息？

《如川而逝》如果是对美空云雀波澜起伏人生的一首颂歌和励志歌，那它也一定能激发出听众们的勇气。

我是一名作家，希望自己今后的创作能像河水流淌，思想永不枯竭。

或许对我而言，"坚持就是力量"这一座右铭并不合适，正是因为经常意识到这个世界的千变万化，我才会对那种坚持不懈捕捉世界变化并不为时代左右的工作深表敬意。

秋元先生是一位罕见的能够把握时代脉搏并给大家带来快乐的作家。他说，如果把作词比喻为短跑，当你置身于潮流先锋与时过境迁这样的交替变化的社会中时，你会对那些不受时代潮流左右的工作表示敬意。秋元先生的工作相当不简单。他不断推出家喻户晓的流行歌词，就好比他在反复进行的一次次短距离赛跑。

秋元康

词作家，京都造型艺术大学艺术系教授。1956 年出生于东京都。作为广播节目作家，参与过"十佳"等节目的创作。之后，作为词作家，有美空云雀的《如川而逝》等众多畅销歌词问世。著述《有信来》系列被搬上银幕，并有《大象的脊梁》等多部作品出版。